江苏省“十四五”时期重点出版物出版专项规划项目

南水北调后续工程高质量发展·大型泵站标准化管理系列丛书

管理组织
管理制度
管理流程

GUANLI ZUZHI　GUANLI ZHIDU　GUANLI LIUCHENG

南水北调东线江苏水源有限责任公司◎编著

河海大学出版社
HOHAI UNIVERSITY PRESS
·南京·

图书在版编目(CIP)数据

管理组织、管理制度、管理流程 / 南水北调东线江苏水源有限责任公司编著. -- 南京 ：河海大学出版社，2022.2(2024.1重印)
(南水北调后续工程高质量发展 · 大型泵站标准化管理系列丛书)

ISBN 978-7-5630-7376-4

Ⅰ. ①管… Ⅱ. ①南… Ⅲ. ①南水北调一泵站一标准化管理 Ⅳ. ①TV675-65

中国版本图书馆 CIP 数据核字(2021)第 270836 号

书　　名　管理组织、管理制度、管理流程
书　　号　ISBN 978-7-5630-7376-4
责任编辑　彭志诚　张心怡
特约校对　薛艳萍　朱阿祥
装帧设计　徐娟娟
出版发行　河海大学出版社
地　　址　南京市西康路 1 号(邮编:210098)
网　　址　http://www.hhup.cm
电　　话　(025)83737852(总编室)
　　　　　　(025)83722833(营销部)
经　　销　江苏省新华发行集团有限公司
排　　版　南京布克文化发展有限公司
印　　刷　广东虎彩云印刷有限公司
开　　本　787 毫米×1092 毫米　1/16
印　　张　8.25
字　　数　189 千字
版　　次　2022 年 2 月第 1 版
印　　次　2024 年 1 月第 2 次印刷
定　　价　48.00 元

丛书编委会

管理组织、管理制度、管理流程

主　　编　王亦斌　孙　涛

副主编　施　伟　刘厚爱　祁　洁

编写人员　倪　春　杜　威　周晨露　荐　威　鲁　健
刘　菁　王　勇　赵　虎　董宇龙　张念龙
樊庆斌　于贤磊　张　苗　王姗姗　谢海洋
陈　齐　张　浩　周银辉　李长江

序

我国人多水少，水资源时空分布不均，水资源短缺的形势十分严峻。20世纪50年代，毛泽东主席提出了“南水北调”的宏伟构想，经过了几十年的勘测、规划和研究，最终确定在长江下、中、上游建设南水北调东、中、西三条调水线路，连接长江、淮河、黄河、海河，构成我国“四横三纵、南北调配、东西互济”的水资源配置总体格局。2013年11月15日南水北调东线一期工程正式通水，2014年12月12日南水北调中线一期工程正式通水，东、中线一期工程建设目标全面实现。50年规划研究、10年建设，几代人的梦想终成现实。如今，东、中线一期工程全面通水7年，直接受益人口超1.4亿。

近年来，我国经济社会高速发展，京津冀协同发展、雄安新区规划建设、长江经济带发展等多个重大战略相继实施，对加强和优化水资源供给提出了新的要求。习近平总书记分别于2020年11月和2021年5月两次调研南水北调工程，半年内从东线源头到中线渠首，亲自推动后续工程高质量发展。“南水北调东线工程要成为优化水资源配置、保障群众饮水安全、复苏河湖生态环境、畅通南北经济循环的生命线。”“南水北调工程事关战略全局、事关长远发展、事关人民福祉。”这是总书记对南水北调工程的高度肯定和殷切期望。充分发挥工程效益，是全体南水北调从业者义不容辞的使命。

作为南水北调东线江苏段工程项目法人，江苏水源公司在工程建设期统筹进度与管理，突出管理和技术创新，截至目前已有8个工程先后荣获“中国水利优质工程大禹奖”，南水北调江苏境内工程荣获“国家水土保持生态文明工程”，时任水利部主要领导给予“进度最快、质量最好、投资最省”的高度评价；自工程建成通水以来，连续8年圆满完成各项调水任务，水量、水质持续稳定达标，并在省防指的统一调度下多次投入省内排涝、抗旱等运行，为受涝、旱影响地区的生产恢复、经济可持续发展及民生福祉保障提供了可靠基础。

多年的南水北调工程建设与运行管理实践中，江苏水源公司积累了大量宝贵的经验，形成了具有自身特色的大型泵站工程运行管理模式与方法。为进一步提升南水北调东线江苏段工程管理水平，构建更加科学、规范、先进、高效的现代化工程管理体系，江苏水源公司从 2017 年起，在全面总结、精炼现有管理经验的基础上，历经 4 年精心打磨，逐步构建了江苏南水北调工程"十大标准化体系"，并最终形成这套丛书。十大标准化体系的创建与实施，显著提升了江苏南水北调工程管理水平，已在诸多国内重点水利工程中推广并发挥作用。

加强管理是工程效益充分发挥的基础。江苏水源公司的该套丛书作为"水源标准、水源模式、水源品牌"的代表之作，是南水北调东线江苏段工程标准化管理的指导纲领，也是不断锤炼江苏南水北调工程管理队伍的实践指南。管理的提升始终在路上，真诚地希望该丛书出版后能够得到业内专业人士的指点完善，不断提升管理水平，共同成就南水北调功在当代、利在千秋的世纪伟业。

中国工程院院士：谭洪武

2022年元月

目录

管理组织

管理制度

管理流程

管理组织

1 范围

本部分规定了南水北调江苏水源公司辖管泵站工程现场管理单位的组织构架、岗位设置、岗位标准以及岗位职责等内容。

本部分适用于南水北调江苏水源公司辖管泵站工程，类似工程可参照执行。

2 规范性引用文件

本部分没有规范性引用文件。

3 术语和定义

下列术语和定义适用于本文件。

3.1 公司 Company

南水北调东线江苏水源有限责任公司的简称。

3.2 分公司 Branch office

南水北调东线江苏水源有限责任公司下属的分公司，包括扬州分公司、淮安分公司、宿迁分公司及徐州分公司。

3.3 直管 Direct management

由南水北调东线江苏水源有限责任公司成立现场管理单位招聘人员进行管理的工程管理方式。

3.4 委管 Entrusted management

由南水北调东线江苏水源有限责任公司委托其他与自身没有隶属关系的单位，被委托单位组建管理队伍，在工程现场成立管理机构，对工程进行管理的工程管理方式。

3.5 管理所 Management office

南水北调东线江苏水源有限责任公司在直管工程成立的现场管理单位。

3.6 项目部 Project department

委托管理单位在委托管理工程成立的现场管理单位。

4 职责

1. 公司工程运行管理主管部门为泵站现场管理组织的归口管理单位，履行如下管理职责：

(1) 负责泵站运行管理组织的起草和修订；

(2) 负责提出现场管理单位组织架构、人员要求、岗位职责及数量要求；

(3) 负责牵头开展直管泵站管理所的年度工程管理考核，对管理所管理人员进行应知应会测试。

2. 分公司应履行如下管理职责：

(1) 负责按照公司要求，组建直管泵站管理所，按要求配合管理人员；

(2) 负责对照委托管理合同要求，督促委托管理单位组建项目部，按合同要求配置管理人员；

(3) 负责做好辖管工程日常管理的监督检查，根据公司相关考核办法规定的权限，对直管泵站管理所和委管泵站项目部进行工程管理考核。

3. 泵站工程现场管理机构应履行如下职责：

(1) 负责按照人员岗位要求，配置满足条件的管理人员，开展工程管理工作；

(2) 负责落实管理人员岗位职责，对人员工作情况进行考核；

(3) 负责加强人员教育培训工作，提高管理人员业务水平。

5 一般规定

1. 对泵站工程的概况描述，应包括泵站工程所在梯级、工程地点、作用、规模、装机台数、流量、扬程、泵型、结构组成、断流方式，开工、试运行验收、完工验收时间等。

2. 泵站工程的管理范围及保护范围，应根据《南水北调工程供用水管理条例》和江苏省水利厅关于省南水北调新建泵站工程管理范围和保护范围划定结果来确定管理范围和保护范围，并配图说明。

3. 泵站工程管理内容包括工程建(构)筑物、设备及附属设施的管理，工程用地范围土地、水域及环境等的水政管理、综合管理、设备管理、建筑物管理、运行管理、安全管理等。

6 组织架构(按图)

1. 现场管理单位应按机构设置和人员编制相关批文，合理设置管理机构和岗位，并按标准配备管理人员。

2. 直管泵站管理所可下设运行维护科、综合管理科、工程管理科等职能部门。

3. 委管泵站项目部可参照直管泵站管理所相应设置内部组织机构，也可由委托管理单位根据管理需要另行合理划分和设立部门，划分后均应将相关情况向分公司报备。现场管理单位组织架构图见附录A。

4. 现场管理单位应对下设职能部门的事权、物权等进行规定，制定部门职责。

7 岗位及人员配置

1. 现场管理单位应按照“因事设岗，以岗定责，以量定员”的原则定岗定员。为提高工作效率，可以结合实际实行一人多岗，但应严格按照国家法律法规和相关行业规范要求保证必要数量的运行、维修和管理人员，一线人员不宜长期超负荷参加运行值班，保证工程运行安全和人员安全。

2. 现场管理单位宜设置 8 个岗位，人数可根据运行期和非运行期动态配置。长期运行宜按照 5 班 3 运转，每班 3 人（班长 1 名，运行员 2 名）配置运行值班人员。

（1）负责类设置 3 个岗位，所长（项目经理）、管理岗副所长（项目副经理）和技术岗副所长（技术负责人）；

（2）综合管理科设置 1 个岗位，综合员；

（3）工程管理科设置 2 个岗位，技术员和安全员；

（4）运行维护科设置 2 个岗位，班长和运行员。

3. 现场管理单位应根据相关人员编制批文及岗位需要，合理配置岗位人员。直管泵站管理所应按照公司批复的人员编制进行配备，委管泵站项目部人员数量不得少于合同约定。

4. 现场管理单位各岗位配置人员的学历、专业、职称及业务能力应满足管理需要。各岗位人员标准应符合附录 B 的要求。

5. 现场管理单位主要岗位人员应相对固定，因特殊原因需要更换时需提前一周报分公司同意。

6. 现场管理单位应结合日常管理工作，制定各岗位工作职责。现场管理单位各岗位职责应符合附录 C 的要求，工作事项宜按照附录 D 进行划分。

7. 现场管理单位应加强人员的教育培训，对于技术管理人员应取得相应职称，并经过岗位培训合格；对于运行维护类人员应掌握实际操作技能，取得相关职业技能资格证书；对于特种设备操作岗位应取得特种岗位操作证书。

8. 应采用指纹打卡或其他有效方式开展现场管理单位人员的考勤。

9. 分公司应对照委托管理合同审核委管泵站项目部管理人员，对不合格的管理人员，分公司应沟通委托管理单位进行更换调整。

8 考核评价

1. 直管泵站管理所的年度工程管理考核由公司组织开展，季度工程管理考核由分公司组织开展；管理所人员的个人绩效考核由分公司组织开展。

2. 分公司应制定直管泵站管理所及管理人员考核办法，结合目标任务及分工，对管理所及人员开展绩效考核。

3. 分公司应参照公司工程管理考核办法及委托管理合同，定期对委管泵站项目部人员出勤情况及业务能力进行考核。对人员配置不到位，考勤不满足合同要求的，应根据合同条款扣除相应人员经费；对人员业务能力不足，对现场设备掌握了解不够的，应在工程管理考核中进行扣分。

附录 A　现场管理单位组织架构图

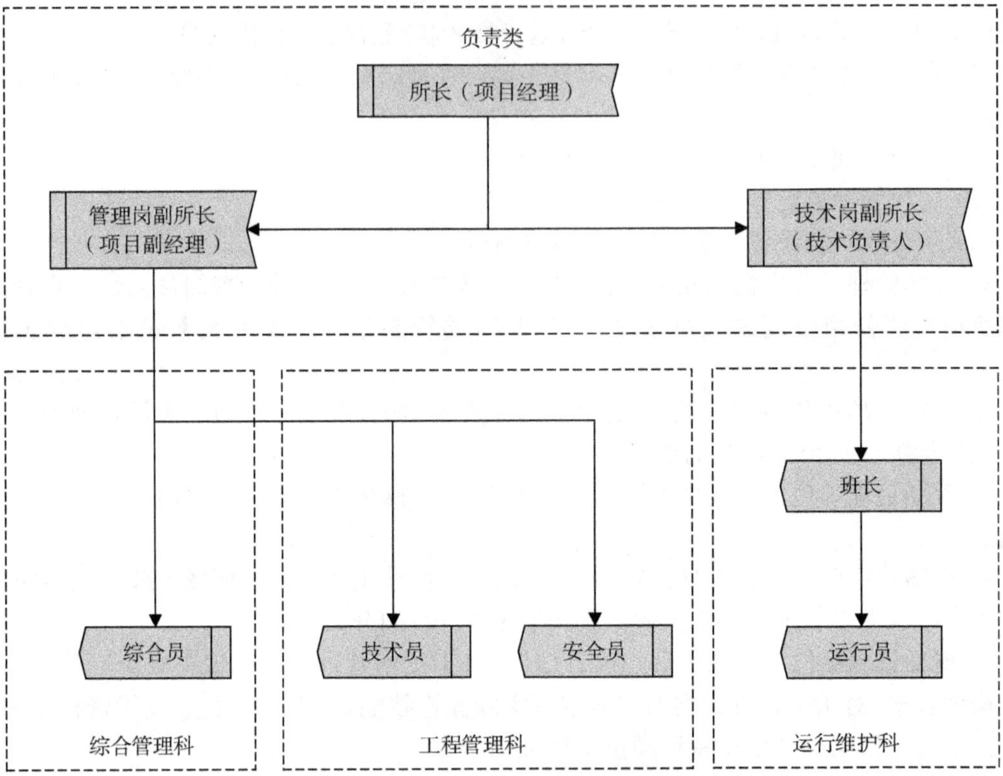

图 A　泵站工程现场管理单位组织架构图

附录B　岗位标准

B.1　直管泵站管理所岗位标准

B.1.1　所长应具备以下条件：

(1) 具备本科及以上学历；

(2) 取得中级及以上技术职称任职资格，具有10年以上大中型水利工程或类似单位管理经验；

(3) 遵纪守法，思想政治素质好，热爱水利事业，有较强的事业心和责任感；

(4) 掌握水利相关法律、法规，特别是泵站工程运行管理制度规章、技术标准；

(5) 具有良好的管理、组织、协调和决策能力，具备较强的分析力、判断力和处理复杂问题的能力。

B.1.2　管理岗副所长应具备以下条件：

(1) 具备本科及以上学历；

(2) 取得中级及以上技术职称任职资格，具有8年以上大中型水利工程或类似单位管理经验；

(3) 遵纪守法，思想政治素质好，热爱水利事业，具有较强的事业心和上进心；

(4) 熟悉水利相关法律、法规，特别是泵站工程运行管理制度规章、技术标准，掌握文秘、行政、档案等相关知识；

(5) 具有较强的管理、组织、协调和决策能力，辅助所长进行日常管理。

B.1.3　技术岗副所长应具备以下条件：

(1) 具备本科及以上学历；

(2) 取得中级及以上技术职称任职资格，具有8年以上大中型水利工程或类似单位管理经验；

(3) 遵纪守法，思想政治素质好，热爱水利事业，具有较强的事业心和上进心；

(4) 熟悉水利相关法律、法规，特别是掌握泵站工程运行管理制度规章、技术标准；

(5) 掌握水利工程、机械、电气、自动化等方面的专业知识；

(6) 具有较强的管理、组织、协调和决策能力，辅助所长进行技术决策。

B.1.4　综合员应具备以下条件：

(1) 水利、中文、文秘、档案等相关专业，具备本科及以上学历；

(2) 从事技能岗位满1年，经相应岗位培训合格，适应岗位工作需要；

(3) 掌握行政管理、人事教育、文秘档案等专业知识；

(4) 具有一定的组织协调和语言文字能力。

B.1.5　技术员应具备以下条件：

(1) 具备大专及以上学历；

(2) 取得初级及以上技术职称或初级工及以上职业资格，具有2年以上大中型水利工程或类似单位管理经验；

(3) 遵纪守法，热爱水利事业，具有较强的责任心；

(4) 熟悉机电设备基本知识；熟悉设备性能；掌握泵站运行规程和安全操作技能；掌握水文测报、数据整理等技能；具有一定处理机电设备常见故障的能力；

(5) 具有一定的组织协调和语言文字能力。

B.1.6 安全员应具备以下条件：

(1) 电气、机械等相关专业，具备大专及以上学历；

(2) 经安全员岗位培训合格，适应岗位工作需要；

(3) 熟悉国家有关安全生产的法律法规及单位的安全规章制度；

(4) 具有一定的组织协调及语言文字能力。

B.1.7 班长应具备以下条件：

(1) 具备大专及以上学历；

(2) 取得初级及以上技术职称或技师及以上职业资格，具有5年以上大中型水利工程或类似单位管理经验；

(3) 遵纪守法，热爱水利事业，具有较强的责任心；

(4) 熟练掌握水利工程、机械、电气、自动化等方面的专业知识，掌握泵站运行规程、技术标准，具有处理常见技术问题的能力；

(5) 具有一定的组织协调和语言文字能力。

B.1.8 运行员应具备以下条件：

(1) 水利、电气、机械、自动化等相关专业，具备大专及以上学历；

(2)从事技能岗位满1年，通过内部评定考核；

(3) 熟悉机电设备基本知识，熟悉设备性能，掌握泵站运行规程和安全操作技能，掌握水文测报、数据整理等技能，具有一定处理机电设备常见故障的能力。

B.2 委管泵站项目部岗位标准

B.2.1 项目经理应具备以下条件：

(1) 本科及以上学历；

(2) 取得高级工程师及以上技术职称任职资格，具有10年以上大中型水利工程或类似单位管理经验；

(3) 掌握水利相关法律、法规，熟悉泵站管理相关技术规程；

(4) 具有良好的管理、组织和协调能力。

B.2.2 项目副经理应具备以下条件：

(1) 本科及以上学历，电气、自动化、机电工程、水工等相关专业；

(2) 取得工程师及以上技术职称任职资格，具有8年以上大中型水利工程或类似单位管理经验；

(3) 掌握水利相关法律、法规，熟悉泵站管理相关技术规程，具有较强的管理、组织和协调能力；

(4) 项目副经理及技术负责人中至少有1人是机电专业。

B.2.3 技术负责人应具备以下条件：

(1) 本科及以上学历,电气、自动化、机电工程、水工等相关专业;

(2) 取得工程师及以上技术职称任职资格,具有8年以上大中型水利工程或类似单位管理经验;

(3) 掌握水利相关法律、法规,熟悉泵站管理相关技术规程,具有较强的管理、组织和协调能力;

(4) 项目副经理及技术负责人中至少有1人是机电专业。

B.2.4 综合员应具备以下条件:

(1) 水利、中文、文秘、档案等相关专业,具备大专及以上学历;

(2) 从事综合后勤业务满1年,适应岗位工作需要;

(3) 掌握行政管理、人事教育、文秘档案等专业知识;

(4) 具有一定的组织协调和语言文字能力。

B.2.5 技术员应具备以下条件:

(1) 电气、自动化、机电工程、水工等相关专业,本科以上学历;

(2) 取得助理工程师资格或者是泵站运行高级工及以上技术等级资格,并经相应岗位培训合格;

(3) 能够熟练掌握电气、自动化、机电工程、水工等方面的专业知识,熟悉泵站运行规程等相关技术标准;

(4) 具有一定的组织协调能力及常见故障问题的处理能力。

B.2.6 安全员应具备以下条件:

(1) 电气、机械等相关专业,具备大专及以上学历;

(2) 经安全员岗位培训合格,适应岗位工作需要;

(3) 熟悉国家有关安全生产的法律法规及单位的安全规章制度;

(4) 具有一定的组织协调及语言文字能力。

B.2.7 班长应具备以下条件:

(1) 电气、自动化、机电工程、水工等相关专业,大专以上学历;

(2) 取得助理工程师资格或者是泵站运行高级工及以上技术等级资格,并经相应岗位培训合格;

(3) 能够熟练掌握电气、自动化、机电工程、水工等方面的专业知识,熟悉泵站运行规程等相关技术标准;

(4) 具有一定的组织协调能力及常见故障问题的处理能力。

B.2.8 运行员应具备以下条件:

(1) 电气、自动化、机电工程、水工等相关专业,大专及以上学历;

(2) 取得助理工程师资格或是泵站运行初级工及以上技术等级资格,并经相应岗位培训合格;

(3) 较为熟练掌握各类机电设备的性能、安装、调试技术;熟悉检修规程;

(4) 具有一定处理机电设备常见故障的能力。

附录C 岗位职责

C.1 直管泵站管理所岗位职责

C.1.1 所长履行以下岗位职责：

（1）负责全面主持现场管理工作，认真贯彻上级各项工作部署；

（2）负责职工思想政治教育和业务技能培训，抓好单位文明建设；

（3）负责工程运行管理，组织执行年度调水计划，负责组织定期、特别检查，负责维修养护项目的审查，负责工程类、综合类经费的预算执行、经费审核工作，负责签发工作票，负责操作指令的下达；

（4）担任安全生产领导小组组长，负责安全生产工作，批准安全经费，召开安全会议，组织安全检查；

（5）负责计划管理、目标管理和经济核算，并做好对外沟通协调；

（6）负责抓好职工队伍建设，负责班长、技术员、运行员、安全员、综合员的考核考评工作，参与副所长的考核考评工作；

（7）完成上级交办的其他工作。

C.1.2 管理岗副所长履行以下岗位职责：

（1）协助所长抓好单位日常行政和运维管理相关工作；

（2）负责员工教育培训工作，参与安全员、综合员的考核考评工作；

（3）具体落实安全生产管理工作，审查安全生产教育培训计划，落实安全技术措施，开展职业危害监测等；

（4）负责组织编制、修订综合类管理制度、预案等；

（5）负责综合类经费支出的初审工作；

（6）负责办文、接待、汇报材料起草、档案等综合类事项；

（7）配合做好外部协调，完成领导交办的其他工作。

C.1.3 技术岗副所长履行以下岗位职责：

（1）协助所长抓好单位运维管理工作；

（2）负责工程调度指令接收、下达、反馈工作，负责运行管理工作，负责签发工作票，负责操作指令的下达、操作票的签发，负责组织开展工程检查、观测、维修及养护工作，配合做好大修、电气试验等相关工作，负责组织重大技术改造及管理创新工作，负责组织编制、修订工程管理规章制度、规程、预案等，负责编制工程维修养护计划并组织实施；

（3）协助管理岗副所长进行员工教育培训工作，参与班长、技术员和运行员的考核考评工作；

（4）负责工程类经费支出的初审工作；

（5）完成领导交办的其他工作。

C.1.4 综合员履行以下岗位职责：

（1）负责公文起草、文件流转等文秘工作；

（2）做好计划、总结等编报工作，负责收集信息、宣传报道，办理相关行政事务等工作；

（3）负责做好会务、接待、后勤服务、车辆管理等工作，负责办公楼、宿舍楼的日常维养工作；

（4）负责对接绿化养护单位，做好工程绿化养护监督；

（5）负责做好党群工作，负责站所文明建设工作；

（6）负责档案整理、编目、统计、排列和检索工作编制等工作，负责档案的收进和移出工作，严格履行交接手续，负责档案室内部整理，档案装具和案卷排放整齐、科学有序，负责档案、资料借调工作，做到提供准确、及时主动，用后及时清退，按时入库归位；

（7）完成领导交办的其他工作。

C.1.5　技术员履行以下岗位职责：

（1）负责泵站运行规程、制度的修订和完善，编制年度检修计划及预算，编写故障、事故分析报告，技术小结和年度工作总结；

（2）协助设备运行、检修工作，查找提供有关技术资料、设备检修的技术标准，协助解决运行、检修中出现的技术问题，掌握了解设备运行、检修情况，做好质量检查和验收工作；

（3）负责收集运行、检修、改造、试验、事故、检查、观测等技术资料，分析整理，按类归档，建立、健全技术档案；

（4）负责运行、检修人员的技术培训和考核工作，检查督促各项规章制度的执行；

（5）完成领导交办的其他工作。

C.1.6　安全员履行以下岗位职责：

（1）学习和贯彻有关安全方面的方针、政策、法律、法规，组织学习宣贯公司下发的安全类制度、办法、细则；

（2）负责制订管理所的安全工作计划、培训计划和工作目标，负责制订“一单两票”及标准化作业指导书；

（3）协助所长召开安全工作例会，负责全面安全工作，参与事故调查，负责组织“安全生产月”活动，开展安全文化宣传，负责全所人员的安全培训、安全规程学习与考试工作；

（4）参与工程各类检查，排查安全隐患，组织整改消缺；

（5）负责整理、汇总、上报安全方面有关资料、报表和总结；

（6）负责现场设备运行、施工作业过程中的安全监督，排查安全隐患责令整改落实；

（7）完成领导交办的其他工作。

C.1.7　班长履行以下岗位职责：

（1）负责落实运行管理及设备维修养护工作；

（2）执行调度运行指令，落实泵站年度水量调度计划；

（3）负责编报、审核工情、水情等报表；

（4）组织运行管理人员学习相关规程规范；

（5）做好运行、巡查及交接班工作；

（6）负责当班期间安全运行工作，严格执行操作票制度；

（7）负责开展所长、副所长安排的养护及检修工作，严格执行工作票制度；

（8）完成领导交办的其他工作。

C.1.8　运行员履行以下岗位职责：

（1）负责工程设施、设备的运行管理、日常养护及检修工作；

(2) 执行操作票制度，完成设备操作及运行值班任务；

(3) 做好当班期间工程及设备巡查，并认真填写各项运行记录；

(4) 及时发现、处理运行期间相关问题，并向运行班长报告；

(5) 执行工作票制度，完成日常养护及检修任务；

(6) 完成领导交办的其他工作。

C.2 委管泵站项目部岗位职责

C.2.1 项目经理履行以下岗位职责：

(1) 负责全面主持现场管理单位工作，认真贯彻上级各项工作部署；

(2) 负责职工思想政治教育和业务技能培训，抓好单位文明建设；

(3) 负责工程运行管理，组织执行年度调水计划，负责组织定期、特别检查，负责岁修项目的审查，负责工程类、综合类经费的预算执行、经费审核工作，负责签发工作票，负责操作指令的下达；

(4) 担任安全生产领导小组组长，负责安全生产工作，批准安全经费，召开安全会议，组织安全检查；

(5) 负责计划管理、目标管理和经济核算，并做好对外沟通协调；

(6) 完成上级交办的其他工作。

C.2.2 项目副经理履行以下岗位职责：

(1) 协助项目经理抓好单位日常行政和运维管理相关工作；

(2) 负责员工教育培训工作，参与考核考评工作；

(3) 具体落实安全生产管理工作，编制安全生产教育培训计划，落实安全技术措施，开展职业危害监测等；

(4) 负责组织编制、修订综合类管理制度、预案等；

(5) 负责综合类经费支出的初审工作；

(6) 负责办文、接待、汇报材料起草、档案等综合类事项；

(7) 负责做好会务、接待、后勤、车辆管理等工作，负责办公楼、宿舍楼的维养工作；

(8) 负责对接绿化养护单位，做好工程绿化养护监督；

(9) 负责做好党群工作，负责项目部文明建设工作；

(10) 配合做好外部协调，完成领导交办的其他工作。

C.2.3 技术负责人履行以下岗位职责：

(1) 协助项目经理抓好单位运维管理工作；

(2) 负责工程调度指令接收、下达、反馈工作，负责运行管理工作，负责签发工作票，负责操作指令的下达、操作票的签发，负责组织开展工程检查、观测工作、维修及养护工作，配合做好大修、电气试验等相关工作，负责组织重大技术改造及管理创新工作，负责组织编制、修订工程管理规章制度、规程、预案等，负责编制工程维修养护计划并组织实施；

(3) 协助项目副经理进行员工教育培训工作，提交班长、技术员和运行员的考核考评意见；

(4) 负责工程类经费的初审工作；

（5）完成领导交办的其他工作。

C.2.4　综合员履行以下岗位职责：

（1）负责公文起草、文件流转等文秘工作；

（2）做好计划、总结等编报工作，负责收集信息、宣传报道，办理相关行政事务等工作；

（3）负责做好会务、接待、后勤服务、车辆管理等工作，负责办公楼、宿舍楼的日常维养工作；

（4）负责对接绿化养护单位，做好工程绿化养护监督；

（5）负责做好工程现场的财务统计相关工作；

（6）负责档案整理、编目、统计、排列和检索工作编制等工作，负责档案的收进和移出工作，严格履行交接手续，负责档案室内部整理，档案装具和案卷排放整齐、科学有序，负责档案、资料调借工作，做到提供准确、及时主动，用后及时清退，按时入库归位；

（7）完成领导交办的其他工作。

C.2.5　技术员履行以下岗位职责：

（1）负责泵站运行规程、制度的修订和完善，编制年度工程、设备检修计划及预算，编写故障、事故分析报告，技术小结和年度工作总结；

（2）协助设备运行、检修工作，查找提供有关技术资料、设备检修的技术标准，协助解决运行、检修中出现的技术问题，掌握了解设备运行、检修情况，做好质量检查和验收工作；

（3）负责收集运行、检修、改造、试验、事故、检查、观测等技术资料，分析整理，按类归档，建立、健全技术档案；

（4）负责运行、检修人员的技术培训和考核工作，检查督促各项规章制度的执行；

（5）完成领导交办的其他工作。

C.2.6　安全员履行以下岗位职责：

（1）学习和贯彻有关安全方面的方针、政策、法律、法规，组织学习宣贯公司下发的安全类制度、办法、细则；

（2）负责制订管理所的安全工作计划、培训计划和工作目标，负责制订“一单两票”及标准化作业指导书，协助所长召开安全工作例会，负责全面安全工作，参与事故调查，负责组织“安全生产月”活动，开展安全文化宣传，负责全所人员的安全培训、安全规程学习与考试工作；

（3）参与各类检查，排查安全隐患，组织整改消缺；

（4）负责现场施工、作业过程中的安全监督，排查安全隐患责令整改落实；

（5）负责整理、汇总、上报安全方面有关资料、报表和总结；

（6）完成领导交办的其他工作。

C.2.7　班长履行以下岗位职责：

（1）负责落实运行管理及设备维修养护工作；

（2）执行调度运行指令，落实泵站年度水量调度计划；

（3）负责编报、审核工情、水情等数据报表；

（4）组织运行管理人员学习相关规程规范；

（5）做好运行、巡查及交接班工作；

（6）负责当班期间安全运行工作，严格执行操作票制度；

(7) 负责开展所长、副所长安排的养护及检修工作，严格执行工作票制度；

(8) 完成领导交办的其他工作。

C.2.8　运行员履行以下岗位职责：

(1) 负责工程设施、设备的运行管理、日常养护及检修工作；

(2) 执行操作票制度，完成设备操作及运行值班任务；

(3) 做好当班期间工程及设备巡查，并认真填写各项运行记录；

(4) 及时发现、处理运行期间相关问题，并向运行班长报告；

(5) 执行工作票制度，完成日常养护及检修任务；

(6) 完成领导交办的其他工作。

附录 D　管理事项划分

D.1　管理事项划分

表 D.1　泵站工程管理事项划分表

顺序号	一级序号	一级事项	二级序号	二级事项	三级序号	三级事项	事项内容	事项编号	事项责任岗位	备注
1	1	管理组织	1	岗位管理	1	副所长管理（含管理、技术岗）	岗位职责划分，参与月度、年度绩效考核	1.1.1	所长（项目经理）	
2					2	运行班组管理	岗位职责划分，月度、年度绩效考核	1.1.2	所长（项目经理）	
3					3	安全员管理	岗位职责划分，月度、年度绩效考核	1.1.3	所长（项目经理）	
4					4	综合员管理	岗位职责划分，月度、年度绩效考核	1.1.4	所长（项目经理）	
5	2	计划与考核	1	计划	1	年度计划审核	负责年度计划审核上报、执行情况的督查，预算费用落实	2.1.1	所长（项目经理）	
6					2	年度计划编制	负责年度计划及预算经费编制的汇总及初审	2.1.2	管理岗副所长（项目副经理）	
7					3		负责工程管理、调水运行相关计划及预算经费编制成果的初步审查	2.1.3	技术岗副所长（技术负责人）	
8					4		负责工程检查、维养、观测、测试等相关计划及预算经费的编制	2.1.4	技术员	
9					5		负责安全管理相关计划及预算经费的编制	2.1.5	安全员	
10					6		负责综合相关计划及预算经费编制	2.1.6	综合员	

（续表）

顺序号	一级序号	一级事项	二级序号	二级事项	三级序号	三级事项	事项内容	事项编号	事项责任岗位	备注
11	2	计划与考核	2	工程管理考核	1	组织协调	负责与上级单位协调，安排、布置考核工作，汇报材料的审定，考核汇报	2.2.1	所长（项目经理）	
12					2	汇报材料	负责工作总结、自评报告的编写	2.2.2	副所长（项目副经理及技术负责人）	
13					3	台账整理	整编工程维养、检查、观测、检测、修试类等台账	2.2.3	技术员	
14					4		整编运行类台账	2.2.4	技术员	
15					5		整编安全类台账	2.2.5	安全员	
16					6		整编综合类台账和档案	2.2.6	综合员	
17					7	现场准备	负责现场设备保养	2.2.7	班长、运行员	
18					8		负责现场环境提升	2.2.8	综合员	
19	3	调度运行	1	指令执行	1	接受指令	接收开停机调度指令，确定执行机组	3.1.1	技术岗副所长（技术负责人）	
20					2	下达开停机指令	向运行班长下达开停机、倒闸操作指令	3.1.2	技术岗副所长（技术负责人）	
21					3	执行指令	按调度指令执行开停机、倒闸操作	3.1.3	运行班组	
22					4	泵站指令反馈	向分公司、所长（项目经理）汇报指令执行情况	3.1.4	技术岗副所长（技术负责人）	
23					5	运行数据统计	统计机组运行台时、调水量等相关数据，开展水文测报	3.1.5	班长、技术员、运行员	
24			2	电气倒闸操作	1	申请倒闸	根据开、停机指令，与供电公司联系，申请主变倒闸操作	3.2.1	班长	

（续表）

顺序号	一级序号	一级事项	二级序号	二级事项	三级序号	三级事项	事项内容	事项编号	事项责任岗位	备注
25	3	调度运行	2	电气倒闸操作	2	填写操作票	按照实际情况填写操作票	3.2.2	班长、运行员	
26					3	倒闸操作监护	按照操作票内容进行倒闸操作监护	3.2.3	班长	
27					4	倒闸操作	按照操作票内容进行倒闸操作	3.2.4	班长、运行员	
28					5	信息反馈	将倒闸执行情况向供电公司反馈	3.2.5	班长	
29			3	开停机操作	1	操作前准备	按操作作业指导书对水工建筑物，金属结构，主、辅机系统，电气系统，自动化系统等进行检查、操作	3.3.1	班长、运行员	
30					2	开、停机操作，监护	按操作作业指导书进行开、停机操作，监护	3.3.2	班长、运行员	
31					3	信息反馈	向技术负责人反馈开、停机执行情况	3.3.3	班长	
32			4	运行巡视	1	巡视检查	按巡视作业指导书规定的频次、要求和内容进行巡视，并做好巡视检查记录，做好水文测报工作	3.4.1	班长、运行员	
33					2	运行应急管理	当发生紧急情况时，按反事故预案进行紧急操作	3.4.2	班长、运行员	
34					3	交接班	按交接班制度办好交接班，填写记录	3.4.3	班长、运行员	
35	4	工程检查	1	经常检查	1	组织、审查	组织开展经常性检查，审查检查结果，督促问题整改	4.1.1	技术岗副所长（技术负责人）	
36					2	电气设备	负责变配电设备、主电机、励磁系统、直流系统等经常检查及问题整改	4.1.2	班长、运行员	电气自动化组
37					3	水机及附属设备	负责水泵、调节机构、断流设备，油、水系统经常检查及问题整改	4.1.3	班长、运行员	水机金结组

（续表）

顺序号	一级序号	一级事项	二级序号	二级事项	三级序号	三级事项	事项内容	事项编号	事项责任岗位	备注
38	4	工程检查	1	经常检查	4	自动化设备	负责保护装置、视频监视、计算机监控、视频会商系统等经常检查及问题整改	4.1.4	班长、运行员	电气 自动化组
39					5	金属制结构设施	负责闸门、启闭机、清污机、拦污栅、行车、电动葫芦等经常检查及问题整改	4.1.5	班长、运行员	水机金结组
40					6	安防（消防）系统	安全保障、室内外安全管理设施检查及问题整改	4.1.6	安全员	
41					7	水工建筑物、水文设施	负责泵站、河道等经常检查及问题整改	4.1.7	班长、运行员	水工水文组
42			2	工程观测	1	观测、监测	负责伸缩缝、渗流观测记录，配合参与垂直位移、水平位移观测，河道观测等工作	4.2.1	班长、运行员	水工水文组
43			3	定期检查	1	组织检查	组织汛前、汛后检查，召开专题动员会布置落实，审定检查技术方案	4.3.1	所长（项目经理）	
44					2	督促推进	编制汛前、汛后防汛检查方案，督促推进实施，撰写总结	4.3.2	技术岗副所长 （技术负责人）	
45					3	电气设备	负责主电机、变配电、励磁系统、直流系统等定期检查及问题整改	4.3.3	班长、运行员	电气 自动化组
46					4	水机及附属设备	负责水泵、调节机构、断流设备，油、水系统定期检查及问题整改	4.3.4	班长、运行员	水机金结组
47					5	自动化设备	负责保护装置、视频监视、计算机监控、视频会商系统等定期检查及问题整改	4.3.5	班长、运行员	电气 自动化组

（续表）

顺序号	一级序号	一级事项	二级序号	二级事项	三级序号	三级事项	事项内容	事项编号	事项责任岗位	备注
48	4	工程检查	3	定期检查	6	金属制结构设施	负责闸门、启闭机、清污机、拦污栅、行车、电动葫芦等定期检查及问题整改	4.3.6	班长、运行员	水机金结组
49					7	安防(消防)系统	安全保障、室内外安全管理设施检查及问题整改	4.3.7	安全员	
50					8	水工建筑物、水文设施	负责泵站、河道等定期检查及问题整改	4.3.8	班长、运行员	水工水文组
51			4	专项检测（查）	1	电气设备	配合开展预防性试验	4.4.1	班长、运行员	电气自动化组外包
52					2	电气安全用具检测	配合开展绝缘手套、绝缘靴、验电器、接地线、绝缘棒、绝缘垫的检测	4.4.2	班长、运行员	电气自动化组外包
53					3	防雷接地系统	配合防雷接地系统检测	4.4.3	班长、运行员	电气自动化组外包
54					4	计算机监控系统	配合计算机监控系统检查、升级	4.4.4	班长、运行员	电气自动化组外包
55					5	行车、电动葫芦检测	配合行车、电动葫芦特种设备检测	4.4.5	班长、运行员	水机金结组外包
56					6	水泵水下检查	开展对机组叶轮、导水帽、导叶体等检查	4.4.6	班长、运行员	水机金结组
57					7	泵站、水闸建筑物水下检查	配合底板、进出水流道、消力池、海漫等检查	4.4.7	班长、运行员	水工水文组外包
58					8	安全阀年检	安全阀未动作情况下，每年送检一次	4.4.8	安全员	外包
59					9	消防年检	消防设施每年委托有资质的单位对消防系统进行检验并出具检测报告	4.4.9	安全员	外包

(续表)

顺序号	一级序号	一级事项	二级序号	二级事项	三级序号	三级事项	事项内容	事项编号	事项责任岗位	备注
60	4	工程检查	5	特别检查	1	组织	布置落实对工程和设备的检查工作	4.5.1	所长(项目经理)	
61					2	检查	组织人员对工程设备开展检查,做好记录	4.5.2	技术岗副所长(技术负责人)、技术员、班长、安全员、运行员	
62					3	问题整改、反馈	负责特别检查发现问题的整改、落实、成效反馈	4.5.3	安全员、班长、运行员	
63	5	维修养护	1	日常维修养护	1	安排、监督	安排日常维修养护,督促缺陷消除	5.1.1	技术岗副所长(技术负责人)	
64					2	电气设备	负责主电机、变压器、高低压配电、励磁系统、防雷接地系统、直流系统、照明等	5.1.2	班长、运行员	电气自动化组
65					3	水机及附属设备	负责水泵、调节机构、断流设备,泵站液压系统,技术和生活供排水系统等	5.1.3	班长、运行员	水机金结组
66					4	金属制结构设施	负责闸门、启闭机、清污机、拦污栅、行车、电动葫芦等	5.1.4	班长、运行员	水机金结组
67					5	自动化设备	负责保护装置、视频监视、计算机监控等	5.1.5	班长、运行员	电气自动化组
68					6	安防(消防)系统	负责安全保障、室内外安全管理设施等	5.1.6	安全员	
69					7	水工建筑物	负责泵站、河道、工程观(监)测设施、水位、流量、水质等	5.1.7	班长、运行员	水工水文组
70					8	管理设施	办公楼、食堂、道路、绿化等	5.1.8	综合员	

（续表）

顺序号	一级序号	一级事项	二级序号	二级事项	三级序号	三级事项	事项内容	事项编号	事项责任岗位	备注
71	5	维修养护	2	缺陷管理	1	审批消缺申请	审批消缺申请，批准备品件采购、领用和使用	5.2.1	所长（项目经理）	
72					2	确定消缺工作内容	确认消缺设备，安排工作人员，签发工作票，督查消缺过程、确认消缺成效	5.2.2	技术岗副所长（技术负责人）	
73					3	发现设备缺陷	发现设备、设施缺陷，提交消缺申请和消缺方案、预算	5.2.3	班长、运行员	
74					4	负责消缺工作	负责消缺工作，准备所需的备品件，填写工作票，监护消缺过程	5.2.4	技术岗副所长（技术负责人）	
75					5	执行消缺行为	负责完成消缺工作，落实过程中的安全措施，清理工作完成后现场	5.2.5	班长、运行员	
76			3	维修养护	1	项目方案审查、申报	负责维修养护项目和预算编制方案的审查和上报	5.3.1	所长（项目经理）	
77					2	组织编制维修养护项目方案	布置编制维修养护实施方案，并进行初审	5.3.2	技术岗副所长（技术负责人）	
78					3	维修养护项目方案编制	根据工程存在问题，编制维修养护项目的方案和预算经费	5.3.3	技术员、班长、运行员	
79					4	维修养护项目的采购	根据批复的维修养护项目，确定采购形式，选定施工队伍或供应商，督促项目实施，参加项目验收	5.3.4	技术岗副所长（技术负责人）	
80					5	维修养护项目的实施	做好项目的实施过程中质量和安全控制，并及时整理施工资料和影像	5.3.5	安全员、技术员、班长、运行员	
81					6	维修养护项目的验收	组织项目验收	5.3.6	所长（项目经理）	
82					7	维修养护项目管理卡编制	根据要求，编制项目管理卡	5.3.7	技术员、班长、运行员	

（续表）

顺序号	一级序号	一级事项	二级序号	二级事项	三级序号	三级事项	事项内容	事项编号	事项责任岗位	备注
83	6	评级与安全鉴定	1	等级评定	1	审定、报批	审定泵站设备、水工建筑物评定结果并上报分公司	6.1.1	所长（项目经理）	
84					2	组织	安排落实，对评定结果进行汇总、初审	6.1.2	技术岗副所长（技术负责人）	
85					3	电气设备	负责主电机、变压器、主要电气设备评级	6.1.3	班长、运行员	电气自动化组
86					4	水机及附属设备	负责水泵、调节机构、断流设备，技术供、排水系统设备评级	6.1.4	班长、运行员	水机金结组
87					5	金属制结构设施	负责闸门、启闭机、清污机、拦污栅、行车、电动葫芦等设备评级	6.1.5	班长、运行员	水机金结组
88					6	自动化设备	负责视频监控系统、计算机监控系统、保护装置设备评级	6.1.6	班长、运行员	电气自动化组
89					7	水工建筑物	负责泵房、进出水流道、进出水池、上下游翼墙、交通桥、工作桥、附属建筑物、上下游引河、护坡等建筑物评级	6.1.7	班长、运行员	水工水文组
90			2	安全鉴定	1	组织	组织编制鉴定计划、现场调查分析报告，委托有关单位开展现场安全检测和工程复核计算分析，组织召开安全鉴定会，提供必要的基础资料，审定安全鉴定总结，并将相关报告上报上级主管部门批准	6.2.1	所长（项目经理）、副所长（项目副经理、技术负责人）	
91					2	开展调查、检测、复核分析	编制安全鉴定计划、现场调查分析报告，配合开展现场安全检测和工程复核计算分析	6.2.2	安全员	

（续表）

顺序号	一级序号	一级事项	二级序号	二级事项	三级序号	三级事项	事项内容	事项编号	事项责任岗位	备注
92	6	评级与安全鉴定	2	安全鉴定	3	参加安全鉴定会	配合组织安全鉴定会，形成鉴定报告	6.2.3	副所长（项目副经理、技术负责人）	
93					4	编写安全鉴定工作总结	编写安全鉴定工作总结，并和安全鉴定报告书、工程现状调查分析报告、现场安全检测报告、工程复核计算分析报告一起上报	6.2.4	副所长（项目副经理、技术负责人）、安全员	
94	7	安全管理	1	目标职责	1	安全组织网络	建立健全安全组织网络，审核安全生产经费，定期召开安全会议	7.1.1	所长（项目经理）	
95					2	安全责任分解、考核、奖惩	分解安全责任，制定人员安全目标责任状，定期对完成情况进行考核奖惩	7.1.2	管理岗副所长（项目副经理）	
96					3	签订安全责任状	与各岗位签订安全目标责任状	7.1.3	所长（项目经理）	
97					4	确保安全生产投入	审定安全生产费用使用计划，确保安全生产的资金投入，审批安全费用，对安全生产费用的落实情况进行检查、总结和考核	7.1.4	所长（项目经理）	
98					5	负责安全生产投入	编制安全生产费用使用计划，负责安全生产的资金使用，编制安全生产费用使用台账	7.1.5	安全员	
99					6	负责安全文化建设	确立本单位安全生产和职业病危害防治理念及行为准则，制定安全文化建设规划和计划，开展安全文化建设活动	7.1.6	所长（项目经理）、安全员	
100			2	制度化管理	1	发布适用法律，审定安全规章制度	负责审定适用法律清单和安全规章制度并发布，建立文本数据库	7.2.1	所长（项目经理）	

（续表）

顺序号	一级序号	一级事项	二级序号	二级事项	三级序号	三级事项	事项内容	事项编号	事项责任岗位	备注
101	7	安全管理	2	制度化管理	2	修订安全规章制度	及时将识别、获取的安全生产法律法规和其他要求转化为本单位规章制度，结合本单位实际，建立健全安全生产规章制度体系，并根据评估、检查、自评、评审、事故调查等发现的相关问题，及时修订安全生产规章制度	7.2.2	安全员	
102					3	安全规章制度印发	及时印发安全规章制度，并发放到相关作业人员	7.2.3	安全员	
103			3	职业健康管理	1	组织职业危害检测	委托专业机构，开展工作场所职业危害监测	7.3.1	所长（项目经理）	
104					2	职业危害告知	负责公布职业病危害，并进行告知警示	7.3.2	安全员	
105					3	职业危害预防	配备相适应的职业健康保护措施、工具和用品，开展职业危害体检	7.3.3	安全员	
106			4	安全风险管控	1	组织安全风险辨识	组织全员对安全风险进行全面、系统的辨识，对辨识资料进行统计、分析、整理和归档，确定安全风险等级	7.4.1	所长（项目经理）、安全员	
107					2	安全风险管理	实施分级分类差异化动态管理，对安全风险进行控制	7.4.2	安全员	
108			5	危险源管控	1	组织危险源识别	组织危险源的识别，审核危险源辨识报告上报分公司	7.5.1	所长（项目经理）	
109					2	危险源管理	建立危险源档案，并进行重点监控	7.5.2	安全员	
110			6	安全检查（隐患排查）	1	组织安全检查	负责组织单位安全生产检查，对重大安全隐患组织落实整改，保证检查、整改项目的安全投入	7.6.1	所长（项目经理）	

（续表）

顺序号	一级序号	一级事项	二级序号	二级事项	三级序号	三级事项	事项内容	事项编号	事项责任岗位	备注
111	7	安全管理	6	安全检查（隐患排查）	2	开展安全检查	安全生产小组人员参加安全检查	7.6.2	安全领导小组成员	
112					3	编制安全检查报告	根据检查结果编写报告，提出隐患整改建议	7.6.3	技术岗副所长（技术负责人）	
113					4	督促安全隐患整改	督促有隐患存在的部门抓紧整改	7.6.4	安全员	
114			7	应急预案	1	预案报批	应急预案审定后，向分公司报批，批准后发布执行	7.7.1	所长（项目经理）	
115					2	工程预案编制	编制防汛预案、设备反事故应急预案	7.7.2	技术岗副所长（技术负责人）	
116					3	综合应急预案编制	编制食物中毒、群访等综合预案	7.7.3	管理岗副所长（项目副经理）	
117					4	预案演练	计划、演练、总结	7.7.4	安全员	
118			8	事故管理	1	事故报告	发生事故后按照有关规定及时、准确、完整地向分公司报告，事故报告后出现新情况的，应当及时补报	7.8.1	所长（项目经理）	
119					2	事故处理	发生事故后，采取有效措施，防止事故扩大，并保护事故现场及有关证据	7.8.2	所长（项目经理）、副所长（项目副经理、技术负责人）	
120					3	配合事故调查	事故发生后按照有关规定，配合事故调查组对事故进行调查，查明事故发生的时间、经过、原因、波及范围、人员伤亡情况及直接经济损失等	7.8.3	所长（项目经理）、副所长（项目副经理、技术负责人）	

（续表）

顺序号	一级序号	一级事项	二级序号	二级事项	三级序号	三级事项	事项内容	事项编号	事项责任岗位	备注
121	8	综合管理	1	工程值班	1	值班排次	编排非运行期值班表和汛期值班表并公示	8.1.1	管理岗副所长（项目副经理）	
122					2	值班巡查	对泵站上下游河道、闸门运行状态、积水廊道水位、视频监控状态等进行巡视检查，恶劣天气、设备设施异常时增加巡查次数	8.1.2	班长、运行员	
123					3	值班记录、水情上报	记录调度指令、来电记录、闸门开度、上下游水位、当日天气雨情、积水廊道水位等情况，同时记录汛期水情并上报	8.1.3	班长、运行员	
124					4	交接班	按交接班制度办好交接班，填写记录	8.1.4	班长、运行员	
125					5	值班应急管理	当发生紧急情况时，按反事故预案、防汛预案进行紧急处理	8.1.5	班长、运行员	
126			2	规程管理	1	审定工程管理类规程	定期修订运行、检查、维养规程	8.2.1	所长（项目经理）	
127					2	制定或修订工程管理类规程	定期修订运行、检查、维养规程	8.2.2	技术岗副所长（技术负责人）	
128			3	培训教育	1	组织工程类教育培训	组织开展运行、检查、维养、安全类教育培训	8.3.1	技术岗副所长（技术负责人）	
129					2	组织综合类教育培训	组织开展公文、礼仪、档案、党务类教育培训	8.3.2	管理岗副所长（项目副经理）	
130			4	档案管理	1	日常管理	收集、整理、移交，归档、入库利用管理，销毁管理，保密管理	8.4.1	综合员、技术员	
131					2	达标创星级	负责档案达标管理	8.4.2	管理岗副所长（项目副经理）	

（续表）

顺序号	一级序号	一级事项	二级序号	二级事项	三级序号	三级事项	事项内容	事项编号	事项责任岗位	备注
132	8	综合管理	5	财务管理	1	经费审核	预算审核	8.5.1	所长（项目经理）	
133					2	工程类经费初审	运行、维修、检查、安全类经费支出的初审	8.5.2	技术岗副所长（技术负责人）	
134					3	综合类经费初审	综合类经费支出的初审	8.5.3	管理岗副所长（项目副经理）	
135					4	资金管理	负责报账、资金支付等	8.5.4	综合员	
136			6	日常行政	1	组织统筹	牵头办文、办会、接待等工作，起草综合类汇报材料	8.6.1	管理岗副所长（项目副经理）	
137					2	文秘管理	协助办文、办会，开展信息宣传，协助起草综合类汇报材料等	8.6.2	综合员	
138					3	考勤管理	负责人员考勤工作	8.6.3	综合员	
139			7	后勤管理	1	组织、统筹	牵头食堂、保洁、安全保卫、绿化等工作	8.7.1	管理岗副所长（项目副经理）	
140					2	办公室、宿舍	负责办公楼、宿舍的日常维护工作	8.7.2	综合员	
141					3	食堂	负责食堂保洁、消毒，餐品制作、材料采购等工作	8.7.3	综合员	
142					4	综合仓库	负责综合仓库的物资采购、发放、出入库管理工作	8.7.4	综合员	
143					5	防汛仓库、备品件仓库	负责防汛仓库、备品件仓库的物资采购、使用、出入库管理工作	8.7.5	安全员、综合员	
144					6	卫生保洁	负责工程范围内公共区域保洁	8.7.6	综合员	
145					7	安全保卫	负责工程范围安全保卫工作	8.7.7	综合员、安全员	
146					8	绿化	负责站区林木、草坪种植维护工作	8.7.8	综合员	

管理制度

1 范围

本部分规定了南水北调江苏水源公司辖管泵站工程现场管理单位制度要求。

本部分适用于南水北调江苏水源公司辖管泵站工程,类似工程可参照执行。

2 规范性引用文件

下列文件对于本制度的应用是必不可少的。凡是注日期的引用文件,仅注日期的版本适用于本文件。凡是未注日期或版本号的引用文件,其最新版本适用于本文件。

GB 26860 电力安全工作规程(发电厂和变电所电气部分)

GB/T 30948 泵站技术管理规程

DL/T 724 电力系统用蓄电池直流电源装置运行与维护技术规程

SL 317 泵站设备安装及验收规范

NSBD 16—2012 南水北调泵站工程管理规程

NSBD 21—2015 南水北调东、中线一期工程运行安全监测技术要求(试行)

DB 32/T 1360 泵站运行规程

江苏省泵站技术管理办法

3 术语和定义

下列术语和定义适用于本文件。

3.1 飞检 Flight inspection

事先不通知被检查部门实施的现场检查。

3.2 操作票 Operation ticket

在进行电气操作的书面依据,包括调度指令票和变电操作票。

3.3 工作票 Work ticket

准许在电气设备及系统软件上工作的书面命令,也是执行保证安全技术措施的书面依据。

3.4 班前会 Pre-shift meeting

班组每天工作前开的会。

3.5 经常性检查 Check often

泵站运行管理人员每月组织对建筑物、机电金结等设备设施的检查。

3.6 定期检查 Regular inspection

泵站运行管理人员汛前、汛后组织对工程的检查。

3.7 特种作业 Special operation

容易发生事故，对操作者本人、他人的安全健康及设备、设施的安全可能造成重大危害的作业。

3.8 特种作业人员 Special operation personnel

直接从事特种作业的从业人员，包含特种设备作业人员。

3.9 临时用电 Temporary electricity

现场用电设备设施需要在电力部门立户表计，其新接电源的用电时间一般不超过1年。

3.10 动火作业 Fire work

动火作业是指在禁火区进行焊接与切割作业及在易燃易爆场所使用喷灯、电钻、砂轮等进行可能产生火焰、火花和炽热表面的临时性作业。

3.11 相关方 Related parties

在泵站工作管理范围内，与泵站运行管理有关的或受其影响的个人或团体。

4 职责

1. 公司工程运行管理主管部门为本文件的归口管理单位，履行如下管理职责：

(1) 负责组织泵站运行管理制度的起草和修订；

(2) 负责组织开展本文件涉及管理制度的培训和宣贯；

(3) 检查组织对分公司和现场管理单位进行检查，对泵站运行管理制度执行情况进行考核。

2. 分公司应履行如下管理职责：

(1) 负责监督现场管理单位执行和落实泵站工程运行管理制度；

(2) 负责根据公司相关考核办法规定的权限，对泵站运行管理制度执行情况进行考核，并将考核意见反馈公司工程运行管理主管部门；

(3) 负责收集现场管理单位反馈的泵站运行管理制度执行中存在的问题，提出修订意见并向公司工程运行管理主管部门进行反馈。

3. 泵站工程现场管理单位应履行如下职责：

(1) 负责加强泵站工程运行管理制度的学习培训；

(2) 负责执行泵站工程运行管理制度，落实制度要求；

(3) 负责反馈制度执行中存在的问题，提出修订意见。

5 制度管理要求

1. 公司各级管理单位应对照职责分工，根据本文件和国家有关规定，建立健全综合管理、工程管理及安全管理相关工作制度。

2. 综合管理类制度主要规定了现场管理单位在综合管理中的工作要求，主要包括请示报告、工程大事记、教育培训、物资管理、环境卫生、档案管理等方面的制度，相关制度示例见附录 A。

3. 工程管理类制度主要规定了现场管理单位在工程管理中的工作要求，主要包括运行调度、值班检查、设备维护、维修养护等方面的制度，相关制度示例见附录 B。

4. 安全管理类制度主要规定了现场管理单位在安全生产管理中的工作要求，主要包括安全目标、隐患排查、作业安全、职业健康、应急管理等方面的制度，相关制度示例见附录 C。

5. 现场管理单位应将管理制度装订成册，及时发放到相关工作岗位，组织学习培训。

6. 现场管理单位应对照相关要求，将部分关键制度制作上墙明示。

7. 现场管理单位应明确各项工作的落实人员，按照本文件规定的运行管理制度开展泵站工程运行管理工作。

8. 现场管理单位应每年至少评估一次泵站运行管理制度的适用性、有效性和执行情况。

9. 公司及分公司应加强对现场管理单位制度执行情况的检查。

10. 工作条件发生变化时应及时修订相关管理制度。

6 考核评价

公司、分公司应根据相关工程管理考核办法，对照评分标准，定期对现场管理单位制度上墙、制度执行以及制度评估、修订和完善情况进行考核。

附录 A 综合管理类制度

A.1 请示报告制度

A.1.1 重大事项应请示报告，主要包括突发事件、重大活动、人员变动等。

A.1.2 请示报告应及时、准确、完整，不应迟报、漏报、瞒报，更不应虚报、谎报。

A.1.3 实行逐级请示、报告制度，特殊情况下可越级请示、报告。

A.1.4 上级单位或外单位来检查、考察、飞检等事宜应由管理单位负责人及时向分公司汇报。

A.1.5 因特殊紧急情况无法履行书面重大请示报告的事项，应先采用电话等形式口头请示汇报，事后及时补充书面报告。

A.1.6 除了正式的请示、报告文件外，还应做好相关请示、报告大事记记录。

A.1.7 请示、报告的正式文件应按照有关规定及时归档。

A.2 工程管理大事记制度

A.2.1 大事记应重点记载工程管理过程中发生的相对重大事件。

A.2.2 大事记应由专人记录整理，单位负责人审核后按规定归档。

A.2.3 大事记应主要包括以下内容：

(1) 上级领导机关和业务主管机关参加的重要会议和重要活动；

(2) 主管部门所发布的重要指示、决定、规定、通知、布告等文件；

(3) 主要管理人员的调动、任免、内部机构设置及变化等；

(4) 主要维修项目、工程养护实施情况以及重要协议、合同的签订；

(5) 发生的重大安全生产事故；

(6) 接收调度指令及开停机情况；

(7) 单位及职工受奖惩的主要情况；

(8) 单位开展的大型文艺、体育、教育、交流等活动；

(9) 其他应予记述的重要事项。

A.2.4 大事记记录时间要准确，时间应作为对大事条目进行编排的基本依据。

A.2.5 大事记应一事一记，准确记录时间、地点、情节、因果关系，维护事情的真实性。

A.2.6 各泵站大事记由综合员负责记录整理，主要负责人审核，每年 1 月 15 日前完成上年度大事记的整理工作。

A.3 教育培训制度

A.3.1 管理单位应至少每季度开展一次业务培训，员工年培训、技能训练率应达到 80%以上。

A.3.2　学习培训应准时参加，不应迟到、早退、无故缺席。

A.3.3　学习培训结束后宜组织一次闭卷考试，成绩与绩效分配挂钩。

A.3.4　新入职的职工应参加三级（分公司、现场管理单位及班组）培训，合格后方可正式进入班组工作。

A.3.5　学习培训的内容主要包括泵站电气、机械设备、水工建筑物及安全生产方面的规程规范，以及公司、分公司下发的相关文件。

A.3.6　管理单位应积极推进传帮带学习培训模式，采取必要的激励措施，提高培训效果。

A.3.7　每年12月底前应征求职工教育培训需求，制定下一年的学习培训计划，报分公司批准后实施。

A.4　物资管理制度

A.4.1　保管人员应具有一定专业知识，工作认真负责，爱护国家财物。

A.4.2　物资入库应认真验收，并登记入册。物资应分类保管，堆放整齐，保管完好。

A.4.3　物资应经负责人审批后方可领取，并进行登记，各类专用工具领取使用完毕后应及时收回。

A.4.4　主设备的备件应设专门地点放置，并定期检查、补充，满足应急维修需要。

A.4.5　易燃易爆等危化品一般不备储，必要时适量购入，按要求妥善保管，定期检查。

A.4.6　物资仓库应定期清扫检查，每月清扫不少于一次，防止霉变，灰尘积落。

A.4.7　外单位借用本单位物资，应经单位负责人同意，办理借用手续后方可借出，用后应及时收回。

A.5　外来参观管理制度

A.5.1　外来人员参观调研工程应经公司或分公司批准，否则不予接待。

A.5.2　外来人员应严格遵守参观登记制度，服从现场管理人员的指挥。

A.5.3　管理单位应首先对外来参观人员进行安全提醒告知，外来参观带队人员签收安全告知书后方可进入现场参观。

A.5.4　参观时应按照预先设定的参观路线进行参观，佩戴如安全帽、耳塞等防护设备，不应进入危险区域。

A.5.5　未经负责人批准，不应向外来人员提供任何图纸、资料和技术档案，不允许在现场进行拍照、摄像等活动。

A.6　环境卫生管理制度

A.6.1　环境卫生管理范围主要包括泵房、办公楼公共区域、道路、公共设施、绿化、河面等。

A.6.2　办公室内由各部门人员自行清扫，泵房、办公楼公共区域、道路、公共设施等部位由保洁人员清扫。保持室内地面无灰尘、污渍，墙壁无蛛网，窗明几净；室外无明显杂物、杂草，道路干净。

A.6.3　应遵守社会公德，不应随地吐痰和乱扔杂物，管理范围应保持清洁卫生，创造良好的工作环境。

A.6.4　应督促绿化养护单位做好绿化管理工作，及时浇水、治虫、修剪、除草，维护站区良好的绿化环境。

A.6.5　泵房内各种维修工具、材料、设备、标牌应摆放整齐有序，维修结束后，应及时清理，做到工完、料尽、场地清。

A.6.6　各种机动车辆应按划定的位置有序停放。

A.6.7　应及时打捞影响水面整洁的水生植物和漂浮垃圾，保持进出水池河面干净。

A.7　档案管理制度

A.7.1　管理单位应对工程的建设(含改建、扩建、更新、加固)、管理、科学试验等文件和技术资料进行分类收集、整理，并按要求进行存档、保管、移交、借阅、复制、鉴定及销毁。档案管理应符合国家档案管理的相关规范。

A.7.2　档案归档应使用国家规范规定的案卷盒、卷夹、案卷封面、卷内目录、卷内备考表等。

A.7.3　档案管理应由专人负责，经相关部门培训，取得合格证书后方可上岗。

A.7.4　档案管理员负责档案统计工作，主要内容包括档案资料的种类、数量、收集、整理、鉴定、销毁、检索和利用等情况。

A.7.5　档案员应认真执行《中华人民共和国保守国家秘密法》，严格履行保密义务，做好档案保密工作。

A.7.6　管理单位应设置档案室，要求档案库房、阅览室、办公室三室分开，配备相应的设施设备，并做防盗、防水、防火、防潮、防尘、防鼠、防虫、防高温、防强光、防泄密“十防”措施。

A.7.7　档案库房实行专人管理、保持干净整洁，不应在库房内堆放杂物和易燃易爆等物品。管理人员变动时应按规定办理移交手续。

A.8　档案存档保管制度

A.8.1　设备技术资料为设备的随机资料，检修资料、试验资料、设备检修记录等应在工作结束后由技术人员认真整理，编写总结，及时归档。运行值班记录、交接班记录等应在下月月初整理，装订成册。年底将本年度所有的试验记录、运行记录、检修记录等装订成册，保证资料的完整性、正确性、规范性。

A.8.2　加固改造、重大维修养护的资料，应在工程项目结束后一个月内整理成册，交分公司存档一份，自存一份。有必要保存的原始数据记录整理后装订成册，原件交分公司资料室存档，复印件存于本单位。

A.8.3　每年工程观测整编资料交分公司资料室一份，自存一份。各观测项目原始记录在本工程资料室保存。

A.8.4　工程建设资料永久保存，规程规范可保存现行的，其他资料应长期保存。

A.8.5　已过保管期的资料档案，应经过主管部门领导、有关技术人员和本单位领导、档案管理员共同审查鉴定，确认可销毁的，造册签字，指定专人销毁。

A.8.6　档案管理员要经常检查库房设施，做好库房温湿度调节工作，发现损坏及时报告或维修，保证完好。

A.8.7　档案管理员应建立记录簿，定期检查、核对和清理档案资料，发现生虫、长霉、纸张破损、字迹褪色等情况，及时汇报并采取果断措施防治和补救，做好有关情况记载。

A.8.8　新接收入库档案要严格检查，发现有虫蛀、发霉及其他问题的档案应经科学处理后方可入库。

A.9　档案查阅制度

A.9.1　管理单位应严格执行档案的保管、借阅制度，做到收、借有手续，定期归还。

A.9.2　管理单位档案资料一般不外借，借用人员在阅档室查阅。重要的档案资料原件一律不外借，只可借阅复制件。外单位需借阅资料的，应经单位负责人同意后方可借阅。

A.9.3　借阅档案应办理借阅审批手续，填写查档登记表，注明借阅的时间、卷名、卷数、页数等，并按期如数归还。

A.9.4　如需摘抄、复制(印)档案时，应经单位负责人同意。不应在案卷上圈划、批注、污损、涂改、剪裁、撕页、拆卷等。

A.9.5　档案借阅时间不应超过一个月，到期仍需继续利用的，应办理续借手续。对逾期未还的档案，档案保管人员应及时做好催还工作，确保档案的完整与安全。

A.9.6　档案归还时，档案人员应对档案的完整情况认真检查、核对，及时做好注销和登记工作。

A.9.7　档案借阅人应遵守保密规则，所查、借阅的档案材料，未经单位负责人同意，不应复制外传。

附录B　工程管理类制度

B.1　调度管理制度

B.1.1　工程调度应按照“服从调度，安全第一”的原则进行。

B.1.2　工程运行调度、电力调度联系人员应经有关业务主管部门培训合格后方可上岗，人员名单应上报备案。

B.1.3　调度联系人员一般由2～3名技术人员担任，负责接受和执行调度指令。

B.1.4　泵站机组只接受分公司调度指令，不接受其他单位调度指令；有防洪功能的水闸，按照调度原则可接受地方防汛部门的直接调度。

B.1.5　调度指令的接收和反馈应优先以录音电话和传真的方式，必要时也可以使用短信、微信和QQ等方式，但事后应立即补充完善纸质调度指令单。

B.1.6　供电调度流程按照当地电力系统调度规程执行。

B.1.7　值班人员应服从上级调度指令，如遇特殊情况不能执行的应及时向发令人汇报。

B.1.8　按公司调度值班要求及时报送工情、水情和雨情等报表。

B.2　操作票制度

B.2.1　为避免由于操作错误而产生的人身及设备事故，下列操作应执行操作票制度：

(1) 开、停主机；

(2) 投入或切出站(所)用变压器；

(3) 投入或切出主变压器；

(4) 10 kV带电情况下断路器试合闸。

B.2.2　操作票由操作人填写，监护人复核，发令人签发，每张操作票只能填写一个操作任务。

B.2.3　操作票应由两人执行，一人担任监护人，另一人担任操作人，监护人应由对设备情况熟悉的人担任。

B.2.4　操作票应按照时间先后顺序统一编号，编号原则：×××(泵站首字母大写)—××××(年份)—××(月份)—××(编号)。

B.2.5　操作闸刀时，操作人应戴绝缘手套，户外操作应穿绝缘鞋，监护人应对操作人按安全规程要求实施操作，并进行监督。

B.2.6　进行每一项操作时，监护人应按操作票内容高声唱票，操作人应核对设备名称以及编号，手指被操作设备并高声复诵，监护人确认后，操作人方能操作。操作完毕后，由监护人在该项的相应栏内画上“√”记号，表示该项已操作，然后进行下一项操作。

B.2.7　操作时，监护人应按操作票条款逐项唱票，监护操作，不能跳项、漏项，不应更换操作次序。

B.2.8 操作中发生疑问时，不应擅自更改操作票，应立即向值班长或总值班报告，确认无误后再进行操作。

B.2.9 执行操作票时，操作人、监护人应在操作票上签字；执行完毕后，监护人应向发令人汇报操作时间及情况，并填写操作票有关内容。

B.2.10 操作票应按编号顺序使用。作废的操作票应盖“作废”章。已操作完成的操作票应盖“已执行”章。操作票应保存一年。

B.3 交接班制度

B.3.1 在交班前30分钟由值班长召集交班人员，按交班内容要求做好交班准备。

B.3.2 接班人员在接班前应先开班前会，提前15分钟进入现场进行交接班，查看运行日志及专用记录，全面了解设备的运行情况和检修情况，查看备用设备情况，检查检修安全措施情况。交班人员应在交班完毕后集体离开工作岗位。

B.3.3 交接班内容应包括：

(1) 泵站运行方式；

(2) 设备运行缺陷情况；

(3) 设备操作情况及尚未执行的操作票；

(4) 接受的工作票及尚未结束的工作票；

(5) 检修工作进行情况；

(6) 各种记录、技术资料、运行工具和钥匙；

(7) 本班发生的故障及处理情况；

(8) 信号装置、绝缘监测装置检测；

(9) 安、消防设备；

(10) 环境卫生情况；

(11) 其他重要情况。

B.3.4 处理事故、进行重大操作时不应进行交接班，但接班人员可以在当班班长的统一指挥下协助工作，待处理事故或操作告一段落，经双方班长同意后方可进行交接班。

B.3.5 交接班时交班人员应详细介绍运行情况，值班长除了自己进行交接班外，应负责检查班内其他人员交接班的情况。由于交接不清而造成设备事故的应追究交接班值班长的责任。

B.3.6 在交接班过程中如发现设备有故障时，交接班人员应相互协作予以排除。在接班人员同意后才能交班。

B.3.7 交班人员在未办完交班手续前不应私自离开岗位，如接班人员未到，交班人员应报告有关领导并继续值班，直至有人接替为止，但不可连值两班，延时交班时，交接班手续不应从简。

B.4 巡回检查制度

B.4.1 管理单位应明确有权单独进行巡视的人员名单，除此以外，巡视检查一般由值班长带领值班员进行，巡视检查中应严格遵守电力安全工作规程等相关规定，注意人身及设备安全。

B. 4. 2　按泵站巡视作业指导书中规定的巡视路线和内容对机电设备、水工建筑物和金属结构等开展巡视检查，巡视检查重点包括：

(1) 操作过的设备；

(2) 检修试验中的安全措施；

(3) 缺陷消除后的设备；

(4) 运行参数异常的设备；

(5) 防火检查。

B. 4. 3　主机组每 2 小时巡视 1 次，其他设备每班至少巡视 1 次，遇有下列情况应增加巡视次数：

(1) 恶劣气候；

(2) 设备过负荷或负荷有显著增加；

(3) 设备缺陷近期有发展；

(4) 新设备或经过检修、改造或长期停用后的设备重新投入运行；

(5) 运行设备有异常迹象。

B. 4. 4　巡视检查时应随身携带必要的工器具（如电筒、对讲机、红外测温仪、噪声仪、震动摆度检测仪等），检查时应认真、细致，根据设备运行特点采取看、听、摸、嗅等方式进行。

B. 4. 5　巡视检查中发现设备缺陷或异常情况，应及时处理并详细记录。对重大缺陷或严重情况应及时向值班负责人汇报，并采取及时有效处置措施。

B. 5　值班管理制度

B. 5. 1　值班人员应着装统一规范，穿戴必要防护设施，挂牌上岗，举止文明。

B. 5. 2　值班期间不应迟到、早退，不应聊天、玩手机、打瞌睡，不应酒后上岗。

B. 5. 3　值班人员不应擅离职守，不应擅自将非运行人员带入值班现场，如遇特殊情况需要离开岗位，应征得值班长同意后方可离开。

B. 5. 4　严格执行“两票”制度，不应违章操作；对检修的设备不验收不投运，工作票不终结不送电。

B. 5. 5　应时刻关注运行数据，按实填写值班运行记录，做到记录详细、数据准确、字迹工整，不应伪造数据。

B. 5. 6　运行期间发生安全生产事故时，应及时做好现场应急处置，并按照事故处理报告制度要求立即逐级上报，不应弄虚作假，隐瞒真相。

B. 5. 7　做好运行现场文明生产工作，保持设备及环境清洁。

B. 6　工程检查制度

B. 6. 1　工程检查一般分为经常性检查、定期检查和特殊检查。

B.6.2　经常性检查是指非运行期间开展的设施设备检查，内容主要包括建筑物上下游各部位、进出水池、变配电设备、主机组、辅机设备、金属结构等，检查频次每月不少于一次。

B.6.3　定期检查包括汛前检查（每年5月1日前）、汛后检查（每年10月1日后），水下检查等。内容主要包括土石方、混凝土、机电设备、金属结构、电力线路、照明、消防、通讯设施等。

B.6.4　特殊检查是指在大雪、雷雨、暴风等恶劣天气，发生地震灾害以及工程超标准运用时开展的检查；内容主要包括建筑物、供电线路等，必要时增加安全监测频次。

B.6.5　检查结果应客观实际地反映工程设施、机电设备存在的问题，同时应建立检查动态问题台账。

B.6.6　管理单位应按要求将检查结果逐级上报，并做好归档工作。

B.7　设备定期试验和轮换制度

B.7.1　严格按照规定的项目、内容、周期要求对工程设备进行定期调试，并做好记录。

B.7.2　设备的定期试验轮换应严格执行安全操作规程及监护制度。

B.7.3　调试中发现设备缺陷应立即汇报，及时组织消缺，确保工程设备完好。

B.7.4　如遇特殊情况，调试试验项目不能如期进行时应经管理单位技术负责人同意后推迟进行，并做好相关记录。

B.7.5　做好调试相关记录，及时归档。

B.8　计算机监控管理制度

B.8.1　计算机监控系统应由专人管理维护，其他人未经授权不应操作。

B.8.2　对于不同岗位职责的运行人员和管理人员，应分别规定其安全等级操作权限。

B.8.3　监控系统不应使用外来存储设备上机，如因需要确需上机的，应经管理单位技术负责人同意。监控系统和监控局域网内的计算机不应和外网连接。

B.8.4　对计算机监控系统软件进行修改或设置应由有操作权限的技术人员进行，修改或设置前后的软件应分别进行备份，并做好相关记录。

B.8.5　若计算机监控系统出现报警和故障信息，应及时安排专业维护人员尽快处理、恢复正常，并做好维修记录。

B.8.6　计算机监控系统非运行期应保持开机状态，每周检查1次。

B.8.7　做好监控系统硬件设备的防潮、防尘、防火和清洁等工作。

B.9　直流装置管理制度

B.9.1　安装直流蓄电池的设备间温度宜在5～35℃，并保持良好的通风和照明，当环境温度长时间过高时，应采取降温措施。

B.9.2　应定期对充放电装置进行如下检查：交流输入电压、直流输出电压、直流输出电流等各表计显示是否正确，运行噪声有无异常，各保护信号是否正常，绝缘状态是否良好。

B.9.3 应加强对直流装置的巡查和记录，每月记录系统充电状态、电压、电流及各组蓄电池电压参数。

B.9.4 每年进行核对性充放电试验，在三次充放电循环之内，若蓄电池达不到额定容量值的80%，则此组蓄电池容量严重不足，应部分或者全部报废，并尽量避免新旧电池混用。

B.9.5 交流电源中断，蓄电池组将不间断地向母线供电，当蓄电池组放出容量超过其额定容量的20%以上时，恢复交流电源供电后，应立即手动或自动启动充电装置，按照厂家规定的正常充电方法对蓄电池组进行补充充电。

B.10 设备缺陷管理制度

B.10.1 运行人员对发现的缺陷应及时消除。对不能消除的缺陷，应及时上报。

B.10.2 发现事故性缺陷、重大缺陷时，运行人员应立即报告分公司，由分公司组织检修人员处理。

B.10.3 事故性缺陷应尽快处理，重大缺陷要限期处理，一般性缺陷可结合定期检修或在合适时机修复处理。

B.10.4 管理人员应如实填写设备缺陷及处理情况登记表。

B.10.5 运行时，值班人员应随时掌握设备缺陷情况，并将新发现的缺陷、消除的缺陷以及现存的缺陷作为重要内容进行交接。

B.10.6 检修人员消除缺陷后，运行人员应及时进行设备试运转，在验证设备缺陷确已消除后方可投入运行。

B.11 检修现场管理制度

B.11.1 检修现场应做到各类安全警示标志齐全，安全防护措施到位。

B.11.2 检修现场应做好文明施工措施，重点做好对地面、墙面、相邻设备的防护，及时清扫检修产生的垃圾。

B.11.3 机组大修现场还应布置大修工作领导小组网络图、施工横道图、机组安装总装配图等。

B.11.4 机电设备检修应严格执行工作票、操作票制度，不应违章操作。

B.11.5 做好检修现场的防火、防触电、防坠落、防碰撞等防护工作，合理配置灭火器材，按需配带安全帽、系好安全绳（带），检修现场不应抽烟。

B.11.6 检修时涉及易燃易爆等危化品临时储存、转运和保管的，应严格做好防火及隔离措施，按有关规范要求妥善保管。

B.11.7 检修工器具按需配置，专人管理，分类定点摆放整齐，随用随收，每日收工时认真清点，防止遗失。

B.11.8 检修拆卸的零部件应由专人管理，做好标记、编号，合理有序摆放，及时做好清理保养工作，做到无损伤、无遗漏、无错置。

B. 11. 9　夜间检修作业现场应安装必要的照明设备，保证足够的照明亮度。

B. 12　工作票制度

B. 12. 1　泵站工作人员进入现场检修、安装和试验应执行工作票制度。

B. 12. 2　对于进行设备和线路检修，需停电并要求有可靠安全措施时，应填写第一种工作票；带电作业时应填写第二种工作票。

B. 12. 3　作业人员应熟悉泵站高低压电气设备的控制操作流程和事故应急处理办法，具备必要的电气知识和业务技能，且按工作性质熟悉相关规程，并经考试合格。

B. 12. 4　工作票的签发人应是熟悉工作班人员技术水平、熟悉设备情况、熟悉电力安全工作规程，并具有相关工作经验的单位负责人和技术负责人；工作许可人应是有一定电气工作经验的工程单位运行班长以上人员；工作负责人应是熟悉工作班人员工作能力、熟悉设备情况和电力安全工作规程，具有相关工作经验的班长以上人员。工作票签发人、工作许可人以及工作负责人应经分公司书面批准公布。

B. 12. 5　工作票签发人负责对工作票的必要性和安全性进行审核，根据任务填写工作票安全措施或对内容进行审核。工作许可人负责确认工作票所列安全措施正确完备，符合现场条件；确认工作现场布置的安全措施完善，确认检修设备无突然来电的危险。工作负责人主要负责正确安全地组织工作；确认工作票所列安全措施正确、完备，符合现场实际条件，必要时予以补充；工作前向工作班全体成员告知危险点，督促、监护工作班成员执行现场安全措施和技术措施。

B. 12. 6　工作票应按照时间先后顺序统一编号，编号原则：×××（泵站首字母大写）—×××（电气第一、二种工作票分别为DQⅠ、DQⅡ，动火第一、二种工作票分别为DHⅠ、DHⅡ）—××××（年份）—××（月份）—××（编号）。

B. 12. 7　工作票所列的停电、验电、装设接地线、悬挂标示牌和装设遮栏（围栏）等保证安全的技术措施执行、检查，并在工作许可后，方可进行检修、安装工作。

B. 12. 8　检修结束后检修负责人将工作票退回注销，工作许可前设置的临时遮拦、标示牌、接地线（接地闸刀）等安全措施全部拆除并经双方签字确认后，检修的设备方可投入运行。

B. 12. 9　工作票一式两联，编号相同。电气第一种工作票用A3纸打印，第二种工作票用A4纸打印。第一联（票代码A）由工作许可人填写完毕后交值班负责人按班交接。第二联（票代码B）由工作负责人带到现场并妥善保存，工作结束后工作负责人凭第二联（票代码B）通过当天值班负责人办理终结手续，工作票第二联（票代码B）存档。

B. 12. 10　作废的工作票应盖“作废”章，已履行终结手续的工作票应盖“已终结”章，工作票保存一年。

B. 13　工程观测制度

B. 13. 1　观测人员应严格按照《南水北调东、中线一期工程运行安全监测技术要求》规定，结合各工程实际编制泵站观测任务书，经分公司批准后，按照观测任务书规定的项目、频次和时间开展安全监测工作。

B.13.2 每次观测结束后，应及时计算和整理观测数据，对观测成果进行初步分析，如发现观测精度不符合要求等异常情况时，应立即查明原因，必要时进行复测、增加测次或观测项目。

B.13.3 观测成果应按规定签署姓名，字迹工整；严格按照规定表格、图例进行整理、编制，符合观测相关规范要求。

B.13.4 观测前对测量人员进行安全教育，水上作业时应配备必要的救生设备。

B.13.5 用于观测的仪器和设备，应符合观测精度等级要求，并按规定定期进行检定合格后方可使用。

B.13.6 管理单位应做好观测设施的保护，如遭到人为破坏或保护不善出现堵塞、损坏等情况，应立即维修、增补，如确需拆除或移位，应将改造方案报分公司审批后方可实施。

B.13.7 每年年初应对上一年度的观测成果组织整编和审查，成果经整理、核实无误后应装订成册，作为技术档案永久保存。

B.14 汛期工作制度

B.14.1 汛期严格执行24小时值班制度和领导带班制度，严格遵守交接班制度。

B.14.2 值班人员应及时接收、传达和执行相关调度指令，并做好台账记录。

B.14.3 汛期应按照工程调度权限，根据调度指令做好开机排涝或者开闸泄洪操作。

B.14.4 值班人员应加强对工程的巡查，密切关注工程的水情、工情和雨情，按要求做好报汛等工作。

B.14.5 管理单位应做好通信网络、机电设备和水工建筑物等调试养护工作，发现问题及时处理，确保工程随时处于可投入运行状态。

B.14.6 管理单位应备足必要的防汛抢险物资、备品备件，妥善保管，以备应急使用。

B.15 冬季防护工作制度

B.15.1 每年冬季来临前应及时制定冬季工作计划，做好防冻、防冰凌工作。

B.15.2 每年冬季来临之前，应及时排空主机组、油气水等辅机管道内水，防止冻裂。

B.15.3 在冬季来临前准备好防冻器材，如芦柴、铅链等。

B.15.4 封冻期应在建筑物和闸门前开凿一米宽的不冻槽，槽中填放软草、柴捆，以防建筑物和闸门受冰冻胀挤坏。

B.15.5 对备用的柴油发电机组应做好冬季防冻保养工作，及时补充防冻液。

B.15.6 开关闸时应仔细检查闸门周边和运转部位是否有冰冻，如已冻结应采取有效的融冰解冻措施。

B.15.7 遇雨雪应及时扫除管理范围内的道路、交通桥上积水、积雪。在上下爬梯、门厅等部位采取铺设草帘等防滑措施。

B.16 工程评定级制度

B.16.1 管理单位应组织相关专业的管理人员组成等级评定小组，定期开展各类设备和建筑物的评定级工作，并将结果按时上报分公司审批。

B.16.2 设备评定级范围包括主机组、电气设备、辅助设备、金属结构和监控系统等设备；建筑物评级范围包括主泵房、进出水流道、进出水池、上下游翼墙、引河、护坡及附属建筑物等。

B.16.3 泵站工程每年进行一次评定级，可结合定期检查进行。设备大修时，应结合大修进行全面评级；非大修年份应结合设备运行状况和维护保养情况进行相应的评级；设备更新后，应及时进行评级；设备发生重大故障、事故经修理投入运行的次年应进行评级。

B.16.4 工程评级工作按照评级单元、单项设备、单位工程逐级评定。

B.16.5 评级应依据每年汛前、汛后检查情况，汛期运行情况及维修检修记录，观测资料，缺陷记载等情况进行。

B.16.6 单位工程被评为三类的应申请安全鉴定，评为四类需要报废的设备，应由管理单位提出申请并逐级上报批准后方可进行。

B.17 水文测报制度

B.17.1 现场管理单位应安排专人负责本站的水文测报工作，各值班人员配合做好具体测报工作。

B.17.2 水文测报人员应按照省水利厅、省水文局和公司要求进行水情测报，及时准确测报工程水情信息。

B.17.3 水文测报人员应熟悉工程所在水系及工程特性，关注工程调度及水情变化情况，并按照水文相关规范要求及时实施水文测验。

B.17.4 水文测报人员应做好资料整理、整编工作，各项资料做到一算二校、日清月结，对测验、整编中发现的问题，应认真研究，分析改进，提高测报质量。

B.17.5 现场管理单位应加强水文测报安全管理，严格执行操作规程，加强协调配合，严防人身、设备事故，确保安全测报。

B.17.6 现场管理单位应做好水文测报设施、设备维护保养工作，发现异常及时反映，迅速处理。

附录C 安全管理类制度

C.1 安全生产工作制度

C.1.1 管理单位应成立安全生产领导小组，设置专(兼)职安全员，建立、健全安全管理网络和安全生产责任制并逐级落实安全责任。

C.1.2 安全生产领导小组每月至少召开一次工作例会，学习传达上级有关安全生产的通知要求，分析管理单位安全生产形势，布置安全生产工作，督促隐患整改。

C.1.3 安全生产领导小组应每年至少开展一次反事故演练，每月组织一次安全检查，排查安全隐患，落实整改措施。

C.1.4 安全生产领导小组应至少每季度组织一次安全知识培训，学习有关安全规程和消防等相关知识。

C.1.5 管理单位在国庆、春节、国家重大活动以及安全生产月期间应组织安全生产专项检查，重点做好安保及维稳工作。

C.1.6 特种设备应定期检测，特种作业人员应持证上岗，做好相关人员及特种设备台账记录。

C.1.7 现场管理单位应及时向分公司上报安全生产月报，年度安全工作总结、计划等材料。

C.2 安全生产目标管理制度

C.2.1 管理单位应根据安全生产实际制定安全生产总目标和年度目标。

C.2.2 管理单位应逐级签订安全生产目标责任书，将目标进行逐级层层分解、细化。

C.2.3 管理单位应对安全生产目标的执行情况进行监督，及时调整安全生产目标实施计划。

C.2.4 安全生产领导小组每季度应对安全生产目标实施情况进行检查和评估，并填写相关记录。

C.2.5 安全生产领导小组每年应对每一个部门的安全生产目标完成效果进行考核，兑现奖惩，应有考核总结、考核表等台账记录。

C.3 安全生产费用管理制度

C.3.1 管理单位主要负责人是安全费用保障的第一责任人，对安全生产投入的有效实施负主要责任。

C.3.2 安全费用应当按照以下范围使用：

(1) 完善、改造和维护安全防护设施设备支出(不含“三同时”要求初期投入的安全设施)；

(2) 配备、维护、保养应急救援器材、设备支出和应急救援队伍建设与应急演练支出；

(3) 开展重大危险源和事故隐患评估、监测监控和整改支出；

(4) 安全生产检查、评价(不包括新建、改建、扩建项目安全评价)、咨询和标准化建设支出；

(5) 配备和更新现场作业人员安全防护用品支出；

(6) 安全生产宣传、教育、培训支出；

(7) 安全生产使用的新技术、新标准、新工艺、新装备的推广应用支出；

(8) 安全设施及特种设备检测检验支出；

(9) 安全生产责任保险支出；

(10) 其他与安全生产直接相关的支出。

C.3.3 安全费用实行预算管理。现场管理单位应于每年 12 月底前编制完成下一年度安全费用使用计划，对项目名称、投入金额、组织部门等清楚说明，经公司批复后按规定使用。

C.3.4 安全费用应用于规定的与安全生产相关的支出项目，做到专款专用。安全费用进行专项核算，按规定范围安排使用，不应挤占、挪用。

C.3.5 管理单位应建立和编制各自单位的安全费用使用计划和使用台账。

C.4 安全生产例会管理制度

C.4.1 管理单位每月至少召开一次安全会议。应做好会议各项准备，督促检查会议决议落实情况。

C.4.2 安全会议应包括以下内容：

(1) 重点跟踪落实上次会议要求，总结分析本单位的安全生产情况，评估本单位存在的风险，研究安全生产形势，并做出决议；

(2) 审定重要安全规章制度，审定关系安全生产的重要事项和活动方案，分析伤亡事故、火灾爆炸事故和重大设备事故并提出处理意见；

(3) 公布安全生产经费使用情况，听取安全工作汇报，研究布置下一阶段的安全管理工作等。

C.4.3 各单位研究安全生产工作时，主要听取其负责人的工作汇报。

C.4.4 安全例会内容应结合实际重点研究贯彻落实上级安全工作计划和要求，做到安全工作有计划、有布置、有检查、有总结、有评比。

C.4.5 安全工作内容的决议应记录清楚，并及时传达落实；决定事项应按安全生产责任制明确分工，予以落实，相关部门和责任人应负责督促检查，并将检查结果记录在案，如有必要，可提交下一次会议研究处理。

C.5 生产安全隐患排查治理制度

C.5.1 管理单位负责人组织定期或不定期的安全检查，及时落实、整改安全隐患，使单位设备、设施和生产秩序处于可控状态。

C.5.2 组建由管理单位主要负责人为组长，相关技术人员为组员的安全生产检查小组，负责隐患排查治理工作。

C.5.3 安全隐患排查分经常性（日常）检查、定期检查、节假日检查、特别（专项）检查。其中，经常性检查不少于1次/月；定期检查不少于1次/季度；每年春节、国庆节等重大节假日前进行节假日检查；特别天气之前后，汛前、汛后开展特别检查。

C.5.4 对排查出的各类隐患及时上报并登记。一般隐患，管理单位立即组织整改；重大隐患、整改难度较大，必需一定数量资金投入的，及时编制隐患整改方案，报公司审核批准后组织实施。

C.5.5 隐患未整改前，应当采取相应的安全防范措施，防止事故发生。隐患排除前或者排除过程中无法保证安全的，应当从危险区域内撤出作业人员，并疏散可能危及的其他人员，设置警戒标志。

C.5.6 管理单位安全员每月应通过水利安全生产信息上报系统将安全隐患排查治理情况上报，并定期将隐患排查治理的报表、台账、会议记录等资料整理归档。

C.6 事故报告和调查处理制度

C.6.1 按照“谁主管、谁负责”的原则，在追查事故直接责任人的同时，应追究相关管理人员、有关负责人及单位的责任。

C.6.2 事故追查处理应坚持“事故原因没有查清楚不放过、责任人员没有受到处理不放过，单位职工没有受到教育不放过，防范措施没有落实不放过”的四个原则。

C.6.3 事故的处理由公司根据事故调查组认定结果，按照生产安全事故报告和调查处理条例和公司的相关规定给予行政处分和经济处罚，构成犯罪的，移交司法机关处理。

C.7 特种设备管理制度

C.7.1 管理单位应建立压力容器、安全阀、起重机械等特种设备管理台账。

C.7.2 特种设备的操作人员应获得相关部门颁发的特种作业上岗证，并按规定定期验证。

C.7.3 特种设备应按照规定定期委托有关单位进行安全技术检验，合格后方可投入使用。

C.7.4 日常管理中应重点加强特种设备的检查、维护和保养，保证设备设施完好。

C.7.5 特种设备操作时应证持有上岗，并严格按照安全操作规程操作。

C.7.6 发现问题和缺陷时应及时处理，不应带病运行。

C.7.7 特种设备应在显要位置标注关键特征参数和警告警示等标志。

C.8 消防安全管理制度

C.8.1 按照消防的有关规范要求配置、完善消防器材设施。

C.8.2 消防设施存放应有分布示意图，在显要位置张贴明示。

C.8.3　消防设施由专人负责管理，按规范合理定点配置，建卡登记管理，不应移作它用。

C.8.4　每月定期开展消防设施的检查维护，保持器材完好，做好检查记录。

C.8.5　消防设施如有过期、失效或损坏，应及时维修更换，并做好相关记录。

C.8.6　每年应委托有资质的单位对消防器材、火灾报警等设施等进行检测维护，并出具报告。

C.9　安全保卫制度

C.9.1　现场管理单位应安排专人负责防盗、防火、防恐、防破坏等工作，安保人员应配备必要的安防、巡查以及防闯入工具。

C.9.2　站区工作场所尤其是厂房各设备间不应让外来闲杂人员进入，非运行期间泵房间宜上锁。

C.9.3　外来人员进入站区的，应经现场管理单位负责人同意后方可放行，同时做好登记。

C.9.4　现场管理单位应安排安保人员 24 小时保卫值班，按制度开展站区内的保卫巡查。重大节日、活动期间应加强安全保卫工作，增加巡查频次。

C.9.5　发现外来闯入人员应及时驱离并留下影像及台账记录，不听劝阻的，宜立即联系地方派出所出警处理。

C.9.6　现场管理单位宜同地方公安部门共建治安室、警务室或警民共建点，出现紧急情况时应及时采取处置措施并向上级报告。

C.9.7　现场管理人员及安保人员应定期联合对站区围墙、视频监控、门窗锁具等设施设备进行检查，发现损坏的应及时恢复，以保持站区安防设施完好。

C.10　临时用电管理制度

C.10.1　临时用电前，应编制专项方案或安全技术措施，经验收合格后方可投入使用。

C.10.2　从事电气作业的电工、技术人员应持有特种行业操作许可证，并由专人监护方可上岗作业。安装、维修、拆除临时用电设施应由持证电工完成，其他人员不应接驳电源。

C.10.3　自备电源与网供电源的联锁装置应安全可靠，电气设备应按规范装设接地或接零保护。

C.10.4　临时配电线路应安装有总隔离开关，总漏电开关、总熔断器（或空气开关）；架空电线、电缆应设在专用电杆上，不应设在树木或脚手架上。

C.10.5　总、分配电箱门应配锁，配电箱和开关箱应指定专人负责。施工现场停止 1 小时以上时，应将动力开关箱上锁。各种电气箱内不允许放置任何杂物，并应保持清洁。箱内不应挂接其他临时用电设备。

C.10.6　配电箱、开关箱中导线的进线口和出线口应设在箱体的底面，移动式配电箱和开关箱的进出应采用橡皮绝缘电缆。

C.10.7 临时配电箱、开关箱应采用铁板或优质绝缘材料制作，门(盖)应齐全有效，安装符合要求并接地，开关箱周围应保持有二人同时工作的空间；配电箱及开关箱均应标明其名称、用途，并做出分路标记。

C.10.8 现场用电设备应“一机、一箱、一闸、一漏”，现场不应一闸多机。

C.10.9 管理单位应定期对施工用电设备设施进行检查。电工对配电箱、开关箱进行定期维修、检查时，应将其前一级相应的电源隔离开关分闸断电，并悬挂停电标志牌，不应带电作业。

C.10.10 用电结束后，临时施工用的电气设备和线路应立即拆除，由用电执行人所在生产区域的技术人员、供电执行部门共同检查验收签字。

C.11 用电安全管理制度

C.11.1 电气设备不应带故障运行，任何电气设备在未验明不带电之前，一律视为有电，不应触碰。配电和用电设备应采取接地或接零措施，并经常对其进行检查，保证连接牢固可靠，同一变压器的电路内只能采取接地或接零措施。

C.11.2 Ⅱ类手持电动工具，使用时应加装漏电保护，保证“一机、一闸、一漏”。否则，使用者应戴绝缘手套、穿绝缘鞋，对手持电动工具应定期做外观检查和绝缘测试。

C.11.3 需要移动非固定安装的用电设备(如：电焊机、砂轮切割机、空压机等)，应先切断电源再移动，移动中应防止导线被拉断、拉脱。

C.11.4 在潮湿、水中、强腐蚀性等环境恶劣使用用电设备时，电气作业应满足以下管理要求：

(1) 控制线路应安装漏电保护装置；

(2) 对湿度较大或用水及水汽较多的场所，应采用密封或防水防潮型的电气设施；

(3) 对易产生静电的环境，应采用合适的消除静电的方法，如接地、增湿、中和等方法；

(4) 对易发生触电危险的场所或容易产生误判断、误操作的地方以及存在不安全因素的现场设置安全标识，安全标识应坚固耐用，并安装在显眼处。

C.11.5 在电气设备及线路的安装、运行、维修和保护装置的配备等各个环节，都应严格遵守有关规范和工艺要求。

C.11.6 电气作业场所内外应保持清洁，无杂物、无积尘，不应堆放油桶或易燃、易爆物品。经常性清扫电气设备，防止脏污或灰尘的堆积。

C.11.7 电气设备及线路在设计、安装过程中，其安装位置应保持必要的防火间距，保持良好的通风。变、配电室应设置足够的消防设施，并定期检测、更换。

C.12 动火审批管理制度

C.12.1 进行动火、电焊、气焊等作业时，应报单位技术负责人审批同意后方可动火。

C.12.2 在防火重点部位或场所以及禁止明火区动火作业，应填用动火工作票。

C.12.3 一级动火区是指火灾危险性很大，发生火灾时后果很严重的部位或场所，二级动火区是指一级动火区以外的所有防火重点部位以及禁止明火区。在一级动火区动火作业，应填用一级动火工作票，在二级动火区动火作业，应填用二级动火工作票。

C.12.4　填写动火审批单或动火工作票时应写清动火部门、地点、时间、原因、动火人等，动火审批人应到现场查看情况，检查确无火灾隐患，且配备相应的灭火器材后方可同意。

C.12.5　动火人员应持有电、气焊安全技术操作证方可上岗作业。

C.12.6　动火审批人认为申请动火不符合动火要求的，不应动火。

C.12.7　动火超过动火审批单填写的时间，应补办动火审批手续后方可继续动火。

C.12.8　动火人在不安全情况下，有权拒绝动火。

C.12.9　动火结束后，动火人应及时清理使用的设备、工具，并向动火审批人汇报动火结束。在审批人验收签字后方可结束。

C.13　危险物品管理制度

C.13.1　易燃、易爆及化学危险品应由专人保管，严格控制存放数量，应按实际用量计划采购、库存，不应超量长期存放。

C.13.2　危化品的采购应经过管理单位技术负责人审核，主要负责人批准。

C.13.3　危化品领取应严格核对出入库手续，并作好记录，有精确计量和记载。

C.13.4　危化品应按其特性分类存贮，库房应通风、防雷，安装防爆照明灯具，设置警示警告标志，配备有效的灭火器材，不应储存在办公场所、宿舍、值班室等人群集中的地方。

C.13.5　严格控制危化品使用。使用时应遵守安全生产制度和操作规程，并采取有效的安全防护措施，剩余危险品应立即返还仓库，不应乱扔乱放。

C.13.6　严格做好危化品的保卫、保护工作，防止失窃。

C.13.7　管理单位应制定危险品救援预案，应熟练掌握危化品的保管及应急处置方法。

C.14　作业安全管理制度

C.14.1　作业人员按相关规定要求持证上岗，逐级进行安全技术交底，防护用品配备符合有关要求。

C.14.2　各种安全标志、工具、仪表等应在施工前加以检查，确认完好，施工用工具应经检验合格。

C.14.3　高处作业人员应经体检合格后上岗作业，登高架设作业人员持证上岗；危险边沿进行悬空高处作业时，临空面搭设安全网或防护栏杆，且安全网随着建筑物升高而提高；登高作业人员正确佩戴和使用合格的安全防护用品；有坠落危险的物件应固定牢固，无法固定的应先行清除或放置在安全处；雨雪天高处作业，应采取可靠的防滑、防寒和防冻措施；遇有六级及以上大风或恶劣气候时，应停止露天高处作业。

C.14.4　起重吊装作业前按规定对设备、工器具进行认真检查；指挥和操作人员持证上岗、按章作业，信号传递畅通；大件吊装办理审批手续，并由技术负责人现场指导；不以运行的设备、管道等作为起吊重物的承力点，利用构筑物或设备的构件作为起吊重物的承力点时，应经核算强度；照明不足、恶劣气候或风力达到六级以上时，不进行吊装作业。

C.14.5　临近带电体作业:作业前办理安全施工作业票,安排专人监护;作业时施工人员、机械与带电线路和设备的距离应大于最小安全距离,并有防感应电措施;当与带电线路和设备的作业距离不能满足最小安全距离的要求时,向有关电力部门申请停电,否则不应作业。

C.14.6　水上水下作业:从事水上水下作业单位和人员应取得安全许可证、资质;制定水上作业应急预案,安全防护措施齐全可靠;作业船舶符合有关规定,作业人员持证上岗,并严格遵守操作规程。

C.14.7　焊接作业:焊接前对设备进行检查,确保性能良好,符合安全要求;焊接作业人员持证上岗,按规定正确佩戴个人防护用品,严格按操作规程作业;进行焊接、切割作业时,有防止触电、灼伤、爆炸和引起火灾的措施,并严格遵守消防安全管理规定;焊接作业结束后,作业人员清理场地、消除焊件余热、切断电源,仔细检查工作场所周围及防护措施,确认无起火危险后离开。

C.14.8　交叉作业:制定协调一致的安全措施,并进行充分的沟通和交底;应搭设严密、牢固的防护隔离措施;交叉作业时,不上下投掷材料、边角余料,工具放入袋内,不在吊物下方接料或逗留。

C.14.9　破土作业:施工前,现场管理单位或安排作业的部门,安排施工作业单位逐条落实有关安全措施,技术员应对所有作业人员进行工作交底,对安全员进行安全教育;施工作业人员应先检查施工作业设备是否完好,监护人确认措施无误后,通知作业人员进行施工;施工过程中,如发现不能辨认的物体,不应敲击、移动,作业人员应立即停止作业,安全员上报,施工作业人员查清情况后,技术人员重新制定安全措施后方可再施工;安全监护人在作业过程中加强检查督促,防止意外情况的发生;施工完毕,作业人员清理现场,剩余材料和工具归库,回填现场,做到工完料净场地清。

C.14.10　有限空间作业:从事有限空间作业的职工,在进入作业现场前,应详细了解现场情况和以往事故情况,并有针对性地准备检测和防护器材。进入作业现场后,首先对有限空间进行氧气、可燃气体、硫化氢、一氧化碳等气体的检测,确认安全后方可进入;对作业面可能存在的电、高温、低温及危害物质进行有效隔离。进入有限空间时应佩戴隔离式空气呼吸器或佩戴氧气报警器和正确的过滤式空气呼吸器;应佩戴有效的通讯工具,系安全绳;当发生急性中毒、窒息事故时不应贸然施救,应在做好个体防护并配戴必要应急救援设备的前提下进行救援。

C.14.11　其他危险作业:涉及临近带电体作业,作业前按有关规定办理安全施工作业票,安排专人监护。

C.15　相关方安全生产管理制度

C.15.1　现场管理单位负责人应按照“谁主管,谁负责”的原则,指定专人对相关方和外来人员的作业现场安全进行监督管理,告知安全须知,建立安全教育培训档案,发现问题应立即制止。

C.15.2　对于进入现场办公场所进行业务洽谈、送货的外来人员,由联系人负责告知安全须知和陪同;对于来工程参观、考察、学习人员的教育及安全管理,由接待人员负责。

C.15.3　参观、考察、学习人员由接待负责人介绍安全注意事项，同时做好全过程的安全管理工作，确保参观、考察、学习人员的安全。接待负责人应向外来参观、考察、学习人员提供相应的安全用具，安排专人带领并做好监护工作。接待部门应填写并保留对外来参观、考察、学习人员进行安全教育培训记录和劳动保护用品领用记录。

C.15.4　对外签订劳务、协作、承包、租赁合同前应严格审查对方单位的资质和安全生产许可证等必要的资格证件，并在发包合同中明确安全要求。

C.15.5　与进入工程管理范围内从事检修、施工作业的单位签订安全生产协议，明确双方安全生产责任和义务。

C.15.6　与建筑工程承包方签订合同时应规定工程承包方进行危险源辩识和环境因素调查，并制订预防控制措施。同时监督、检查施工方做好安全监护工作，督促其遵守相关安全管理制度。现场管理单位还应督促承包方对进场作业人员进行安全教育培训，考核合格后方可进入现场作业；应持证上岗的岗位，不应安排无证人员上岗作业。

C.15.7　单项工程的安全管理协议书有效期为一个施工周期，长期在现场管理单位从事零星项目施工的承包方，安全生产协议签订的有效期不应超过一年。

C.15.8　外来施工(作业)方应当取得的安全生产许可证，明确项目负责人和安全负责人，并建立安全生产责任制和安全生产管理制度，具备安全生产的保障条件。安全员应当对外来施工(作业)方的上述资质进行审查。

C.15.9　采购人员应依据供货合同规定对物资供应方进行管理，向供方索要材料或设备必要的资质证书，环境、安全性能指标和运输、包装、贮存条件说明等信息，并发放相关部门。

C.15.10　对劳务派遣人员和实习人员应纳入“新员工三级安全教育”体系，进行安全教育培训，告知安全操作规程、作业区域的危险源和控制方法。同时应加强对其安全监督和检查，杜绝违章作业和违规行为。

C.15.11　接到相邻单位及相关方的投诉和意见后，相关单位应负责登记、整理并予以答复，处理不了的应向上级部门和领导反映，直到问题解决。

C.16　安全用具管理制度

C.16.1　安全用具包括绝缘靴、绝缘手套、安全帽、安全带、安全网、安全绳等。

C.16.2　安全器具应具有安全生产许可证、产品合格证。

C.16.3　安全器具应由专人管理，建立台账，定点摆放，保证完好。

C.16.4　安全器具应摆放在具有温湿度控制调节功能的专用柜内，定期检查。

C.16.5　安全用具应按照有关规范要求，由有资质的单位定期做好检测、检验，合格后方可使用，同时应在安全用具上粘贴检测合格的标签。

C.16.6　严格执行安全用具使用登记和借用制度，使用后及时归还，并保证安全用具的完好。

C.16.7　管理单位应及时更换不合格、损坏和落后淘汰的安全用具，并选用安全性能更高的安全用具，保证劳动使用时的安全。

C.16.8　登高安全器具、安全网、安全帽应编号管理，每年检查一次；接地线备有两副或以上，应统一编号；防毒面具等使用后应清洗，至少两个月检查一次。

C.19.9　不应擅自改变安全用具用途使用。

C.17　职业健康管理制度

C.17.1　现场管理单位应加强职业病防治宣传教育，普及防护知识、增强防治观念、提高防护意识。

C.17.2　现场管理单位应按照《工作场所职业病危害警示标识》的要求对工作场所的职业病危害因素进行警示说明，警示说明应当注明职业病危害的种类、后果、预防以及应急救治措施等内容。

C.17.3　现场管理单位应根据工程特点，对工作场所存在的毒气、高温、噪声、电磁辐射等职业危害因素进行检测、统计、分类、梳理和建档立卡，并在适宜的位置上墙明示。

C.17.4　现场管理单位应按国家有关规定对在上述职业危害因素场所工作的职工提供必要的符合国家或行业标准的职业病防护用品，每年组织员工进行职业健康体检，建立职工健康档案。

C.18　重大危险源管理制度

C.18.1　现场管理单位应按照国家相关标准对管辖范围内的重大危险源进行辨识、登记、建档，定期开展检测、评估、监控等工作。

C.18.2　重大危险源是指长期或临时生产、加工、搬运、使用或贮存危险化学品，且危险化学品的数量等于或超过临界量的单元。

C.18.3　应按照相关国家标准、规定，在重大危险源处设置自动检测、报警和通讯等装置，保障其稳定运行，并定期进行校验和维护。

C.18.4　现场管理单位应指定专人（一般为安全员）负责重大危险源的监控、登记工作。在重大危险源岗位的作业人员和管理人员应具备相应的专业知识，做到持证上岗。

C.18.5　在重大危险源处应设置危险源统计表、风险告知牌和必要的警告警示标志，向从业人员告知重大危险源的危险因素、防范措施及事故的应急措施。

C.18.6　现场管理单位应根据危险源特点，按照危险化学品事故应急救援预案编制导则制定、完善应急救援预案，建立应急救援组织，并保证定期开展应急救援的演练。

C.18.7　现场管理单位应根据危险源的化学特性，配备必要的应急防护用品、应急救援物资，并保障其完好备用。

C.18.8　应每年对重大危险源进行一次安全评价，安全评价报告应报分公司审批备案。

C.19　应急管理制度

C.19.1　现场管理单位应设立安全生产事故现场处置机构，负责本单位生产安全事故的应急处置工作。

C. 19. 2　现场管理单位应急处理机构应当根据本单位的事故风险特点，每年至少组织一次综合应急预案演练或者专项应急预案演练，每半年至少组织一次现场处置方案演练，并对演练进行总结和评估，根据评估结论和演练发现的问题，修订、完善应急预案，改进应急准备工作。

C. 19. 3　生产安全事故发生后，现场管理单位的应急处理机构应当立即启动应急预案，积极组织救援，防止事故扩大，减少人员伤亡和财产损失，并立即将事故情况报告上级单位，情况紧急时，可直接报告地方人民政府应急管理部门。

C. 19. 4　在事故应急处置过程中，应高度重视应急救援人员的安全防护，并根据生产特点、环境条件、事故类型及特征，为应急救援人员提供必要的安全防护装备。

C. 19. 5　现场管理单位进行应急处置过程中应做好现场保护工作，因抢救人员和防止事故扩大等缘由需要移动现场物件时，应做出明显的标志，通过拍照、录像、记录或绘制事故现场图，认真保存现场重要物证和痕迹。

C. 19. 6　现场管理单位每年应进行一次应急准备工作的评估。完成险情或事故应急处置结束后，应对应急处置工作进行总结评估，评估结果记入档案。

管理流程

1 范围

本部分规定了南水北调江苏水源公司辖管泵站工程管理流程要求。

本部分适用于南水北调江苏水源公司辖管泵站工程。类似工程可参照执行。

2 规范性引用文件

下列文件对于本标准的应用是必不可少的。凡是注日期的引用文件,仅注日期的版本适用于本标准。凡是未注日期或版本号的引用文件,其最新版本适用于本标准。

GB/T 30948 泵站技术管理规程

DA/T 22 归档文件整理规则

DL 408 电业安全工作规程(发电厂和变电所电气部分)

NSBD 16 南水北调泵站工程管理规程

NSBD 21 南水北调东、中线一期工程运行安全监测技术要求

危险化学品安全管理条例

生产安全事故报告和调查处理条例

3 术语与定义

下列术语和定义适用于本文件。

3.1 档案归档 Archive file

立档单位在其职能活动中形成的、办理完毕、应作为文书档案保存的文件材料,包括纸质和电子文件材料。

3.2 调度指令 Dispatch instruction

拥有调度权限的部门值班调度员对其下级值班调度员或辖管工程值班调度员下达的有关运行和操作的指令。

3.3 经常检查 Check often

泵站运行管理人员每月组织对建筑物、机电金结等设备设施的检查。

3.4 定期检查 Regular inspection

泵站运行管理人员汛前、汛后组织对工程的检查。

3.5 风险 Risk

某种特定危险情况和环境污染现象发生的可能性和后果的结合。

3.6 危险源 Hazard

生产过程中可能导致职业伤害或疾病、财产损失、工作环境破坏或环境污染的根源或状态。

3.7 隐患 Hidden peril

未被事先识别或未采取必要的风险控制措施，可能直接或间接导致事故的根源。

4 总体要求

管理流程主要包括综合管理、调度运行、工程检查、维修养护、等级评定、安全管理等六个部分。各工作事项应合理划分分步流程，明确责任单位、责任人，流程执行完毕后，形成规范的成果资料。

5 综合管理

1. 综合管理工作流程主要涉及物资管理、档案管理和职工培训。

2. 物资主要包括防汛物资、备品备件、检修及养护消耗品等，物资管理流程主要涉及物资采购入库、出库、清仓查库等环节。

3. 档案管理应符合国家档案管理有关规定，档案管理流程包括归档、借阅、销毁等环节。

6 调度运行

1. 调度运行工作流程主要涉及调度指令执行、电气倒闸操作、开停机操作、操作票执行、设备巡回检查工作、交接班和设备定期轮换。

2. 电气设备的操作、运行、巡视检查等工作应按 DL 408 的规定执行。

7 工程检查

1. 工程检查工作流程主要涉及经常检查、定期检查、特别检查和工程观测管理。

2. 工程观测工作应按 NSBD 21 的规定执行。

8 维修养护

1. 维修养护工作流程主要涉及日常维修养护、设备缺陷管理和维修养护项目管理。

2. 维修养护项目管理主要包括岁修项目申报、维修项目管理和养护项目管理。

9 等级评定

1. 泵站各类建筑物和设备应定期进行等级评定，等级评定工作应按 GB/T 30948 的规定执行。

2. 主管单位(部门)应及时审核批复辖管工程等级评定结果。

10 安全管理

1. 安全管理工作流程主要涉及工作票执行、安全风险管控、危险源管控、安全检查(隐患排查)、应急预案管理和事故报告。

2. 安全管理应按安全生产法律法规、GB/T 30948、SL 255、NSBD 16 的规定执行。

11 考核评价

泵站工程管理各项工作应严格按照管理流程开展实施，流程涉及单位、部门应严格流程审核，并归档流程执行档案资料，分公司负责对辖管工程管理流程执行情况进行检查考核。

附录 A　综合管理流程

A.1　物资采购入库流程可按图 A.1 执行，表 A.1 给出了该流程执行工作说明。

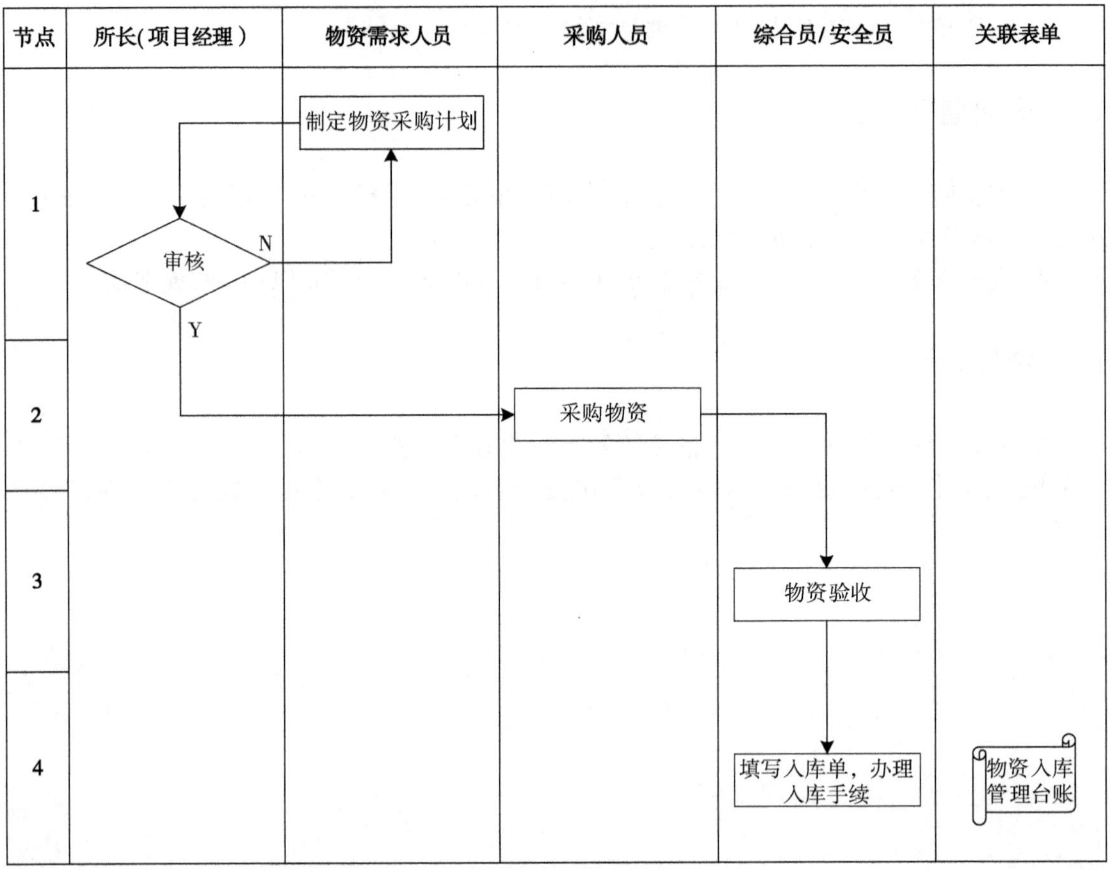

图 A.1　物资采购入库流程

表 A.1　物资采购入库流程说明

流程节点		责任人	工作说明
1	制定物资采购计划	物资需求人员	(1) 根据需求及时制定物资采购计划； (2) 物资包括防汛物资、备品件、工器具、劳动保护用品以及低值易耗品、周转材料等，采购计划内容包括：物资名称、规格、型号、数量、预算、采购方式等
	采购计划审核	所长(项目经理)	审核批复物资采购计划
2	采购物资	采购人员	根据审核同意的物资采购计划，按照采购办法，确认供货商，采购物资
3	物资验收	综合员/安全员	物资到场后进行验收，检查质保书、合格证、说明书、装箱单等资料，验收完成后一并留存
4	清点入库	综合员/安全员	验收合格后，物资及时存入防汛物资、备品件或综合仓库，并入账、上卡，存放整齐并做好防护保管工作，需做到账、卡、物相符

A.2　物资出库流程可按图 A.2 执行，表 A.2 给出了该流程执行工作说明。

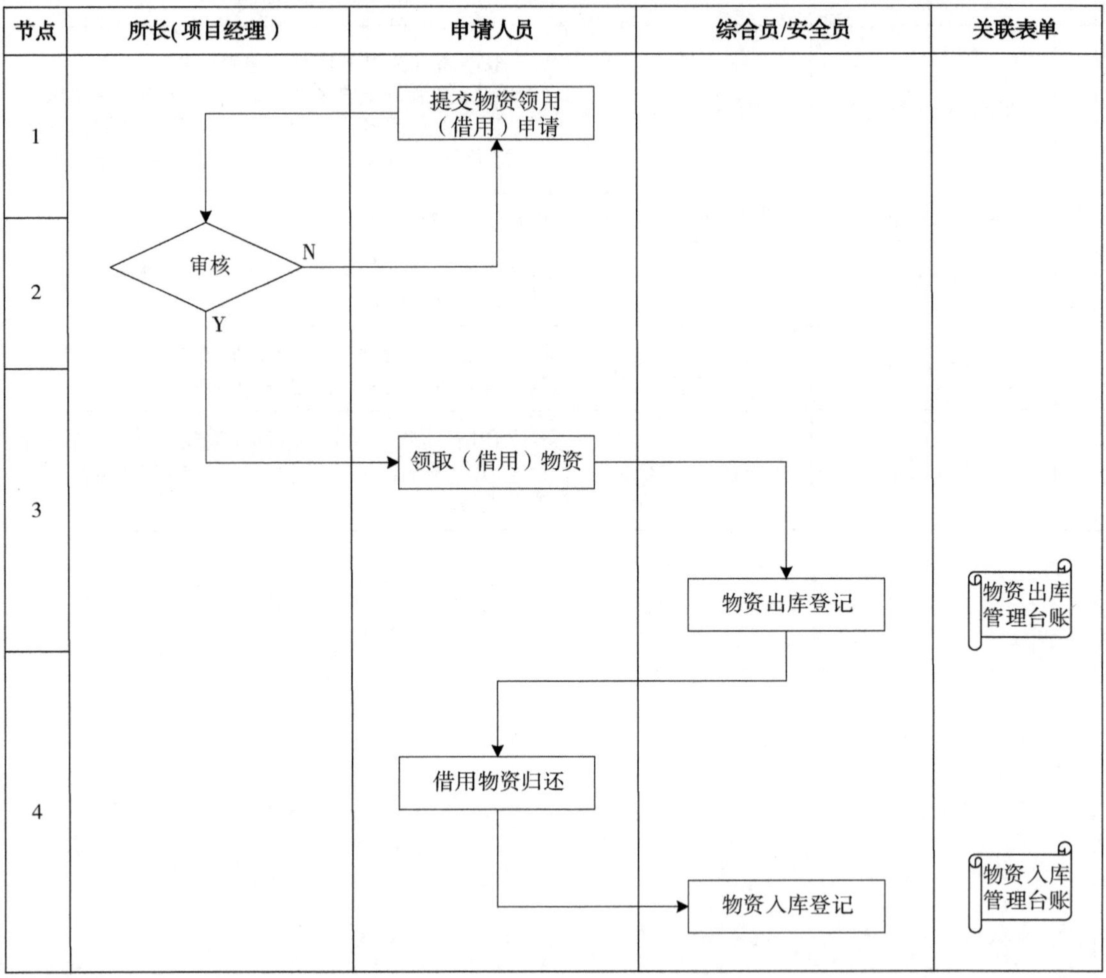

图 A.2　物资出库流程

表 A.2　物资出库流程说明

流程节点		责任人	工作说明
1	提交申请	领用(借用)人	根据日常养护、维修需要,按实填写领料单或借用单,并提交所长(项目经理)审批
2	审核	所长(项目经理)	审核批复领料单或借用单
3	出库	综合员/安全员	(1) 根据领料单审批同意的物资品名、数量、规格型号办理物资出库手续,做好出库登记; (2) 借出物资在借用前对其进行全面检查,记录借出时状态
4	退库或收回	综合员/安全员	(1) 多余物资及时退库,不得私自存储,仓库管理员及时做好清点入库工作,更新出入库记录; (2) 借出物资收回后,及时对物资进行检查,对比借出前状态,如存在不合理使用等原因造成的物资损坏情况,追究借用人责任

A.3　物资清仓查库流程可按图 A.3 执行，表 A.3 给出了该流程执行工作说明。

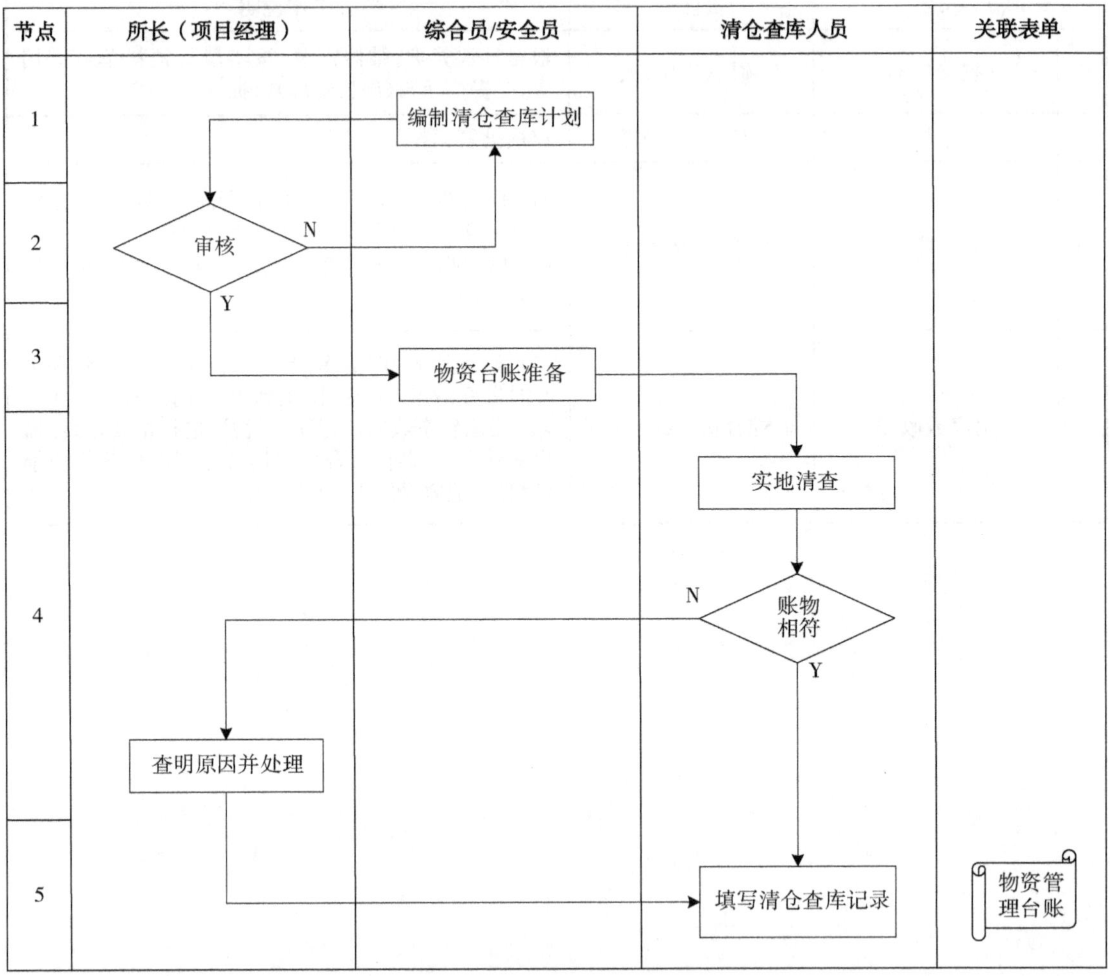

图 A.3　物资清仓查库流程

表 A.3　物资清仓查库流程说明

流程节点		责任人	工作说明
1	编制清仓查库计划	综合员/安全员	综合员制定物资清仓查库计划，包括时间、人员、盘点内容等
2	审核物资清仓查库计划	所长(项目经理)	审核物资清仓查库计划，组织清查人员
3	物资台账准备	综合员/安全员	(1) 综合员准备好物资台账、出入库记录等资料； (2) 清仓查库人员根据盘点计划，对照物资台账、出入库记录等检查仓库物资名称、规格、数量等详细情况。根据盘点结果，确认账、卡、物是否相符
4	问题处理	所长(项目经理)	如账、卡、物不相符，查找原因，查明后完善不符实际情况的部分资料，追究相关人员责任
5	编制报告	清仓查库人员	编制清仓查库报告和相关表单

A.4　档案归档流程可按图 A.4 执行，表 A.4 给出了该流程执行工作说明。

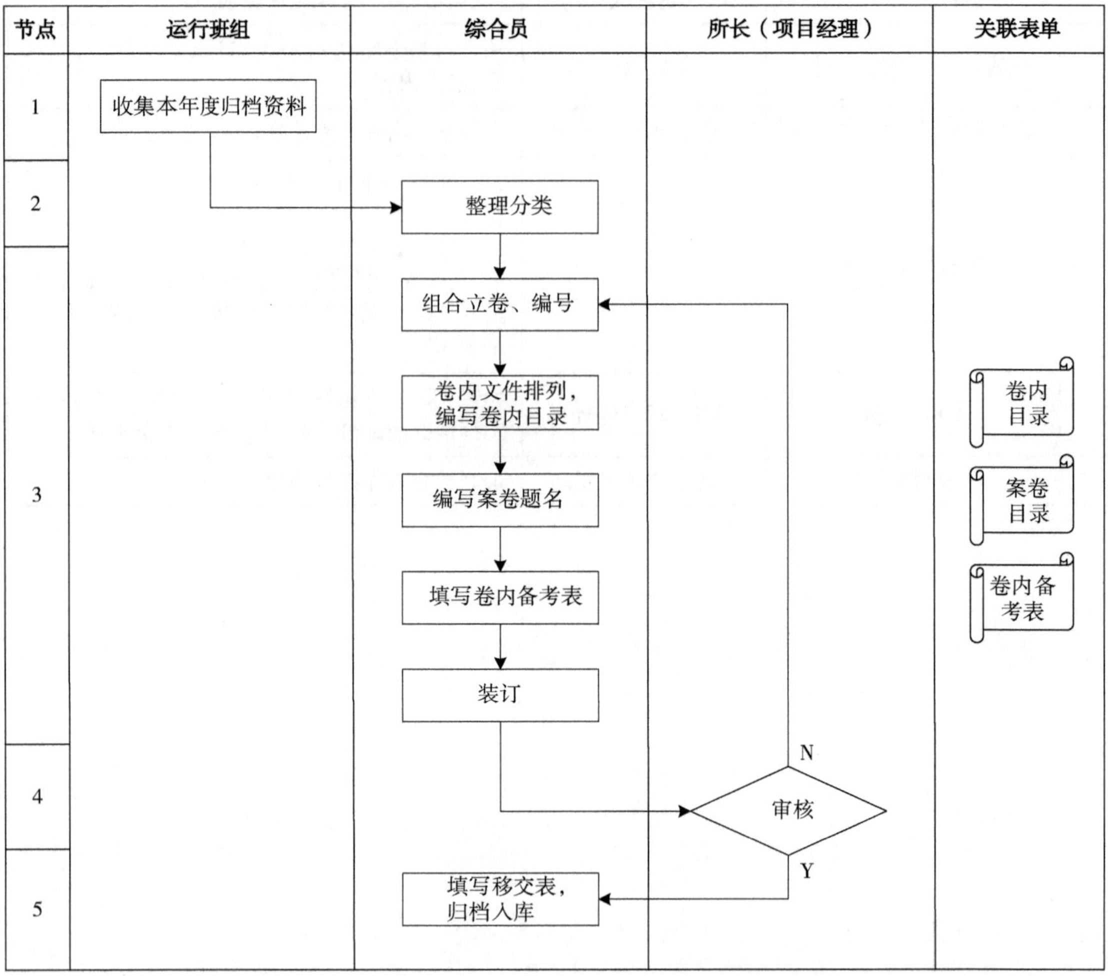

图 A.4　档案归档流程

表 A.4 档案归档流程说明

流程节点		责任人	工作说明
1	收集文件资料	运行班组	根据归档范围收集工程上年度可归档文件资料
2	整理分类	综合员	根据文件分类方案对文件资料进行整理分类
3	立卷	综合员	参照档案管理办法对分类好的档案进行立卷，编制完成案卷目录和卷内目录，完成档案编号和页码编号工作
4	审核	所长(项目经理)	对立卷档案进行审核
5	入库	综合员	将已审核的档案入库

A.5　档案借阅流程可按图 A.5 执行，表 A.5 给出了该流程执行工作说明。

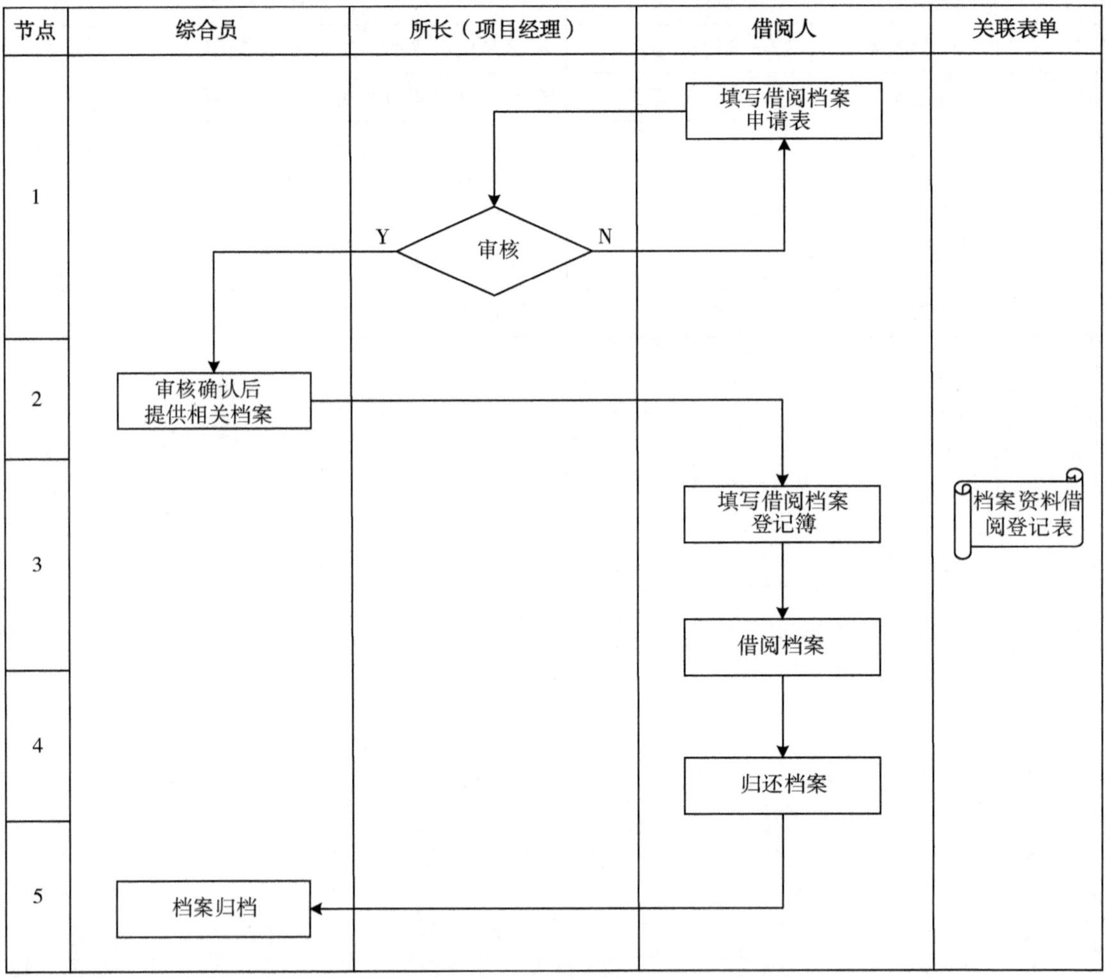

图 A.5　档案借阅流程

表 A. 5 档案借阅流程说明

流程节点		责任人	工作说明
1	借阅申请	借阅人	填写借阅档案申请表，外单位人员借阅需要持单位介绍信
		所长(项目经理)	对借阅申请进行审核批准
2	查找提供相关档案	综合员	审核确认后提供相应档案
3	借阅档案	借阅人	填写借阅档案登记簿，借阅所需档案资料
4	归还档案	借阅人	提交档案利用效果登记表，归还档案
5	档案归档	综合员	档案重新归档

A. 6　档案销毁流程可按图 A. 6 执行，表 A. 6 给出了该流程执行工作说明。

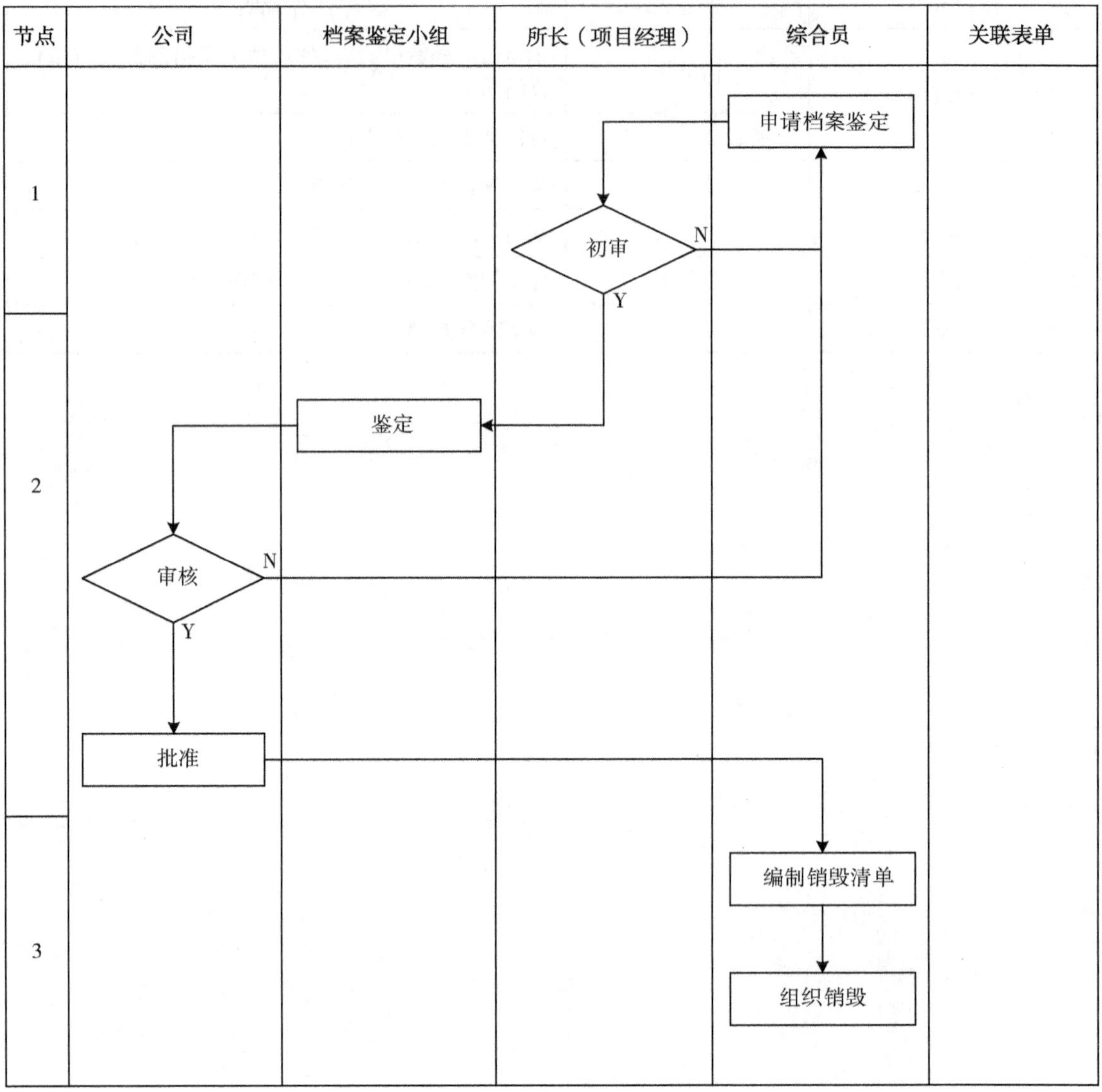

图 A. 6　档案销毁流程

表 A.6 档案销毁流程说明

流程节点		责任人	工作说明
1	鉴定申请	综合员	鉴定销毁档案范围： (1) 保管期限已满的档案； (2) 无保存利用价值档案
		所长(项目经理)	对档案鉴定申请进行初审，并成立档案鉴定小组，对符合销毁条件档案进行鉴定
2	档案鉴定	档案鉴定小组	档案鉴定小组对于符合销毁条件的档案进行鉴定，得出鉴定意见
		公司	对鉴定销毁意见进行审批
3	销毁	综合员	2 人以上监销，确认销毁后，监销人在销毁清册上注明“已销毁”字样和销毁日期，并签字

A.7　职工培训流程可按图 A.7 执行，表 A.7 给出了该流程执行工作说明。

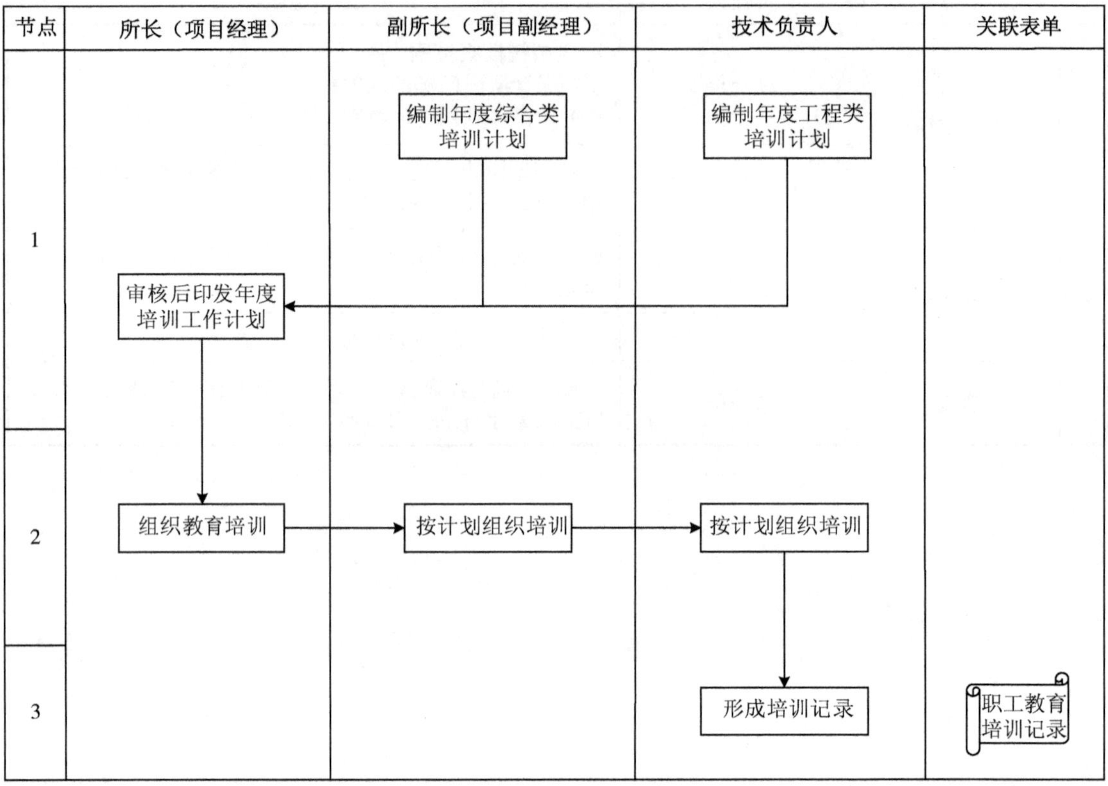

图 A.7　职工培训流程

表 A.7 职工培训流程说明

流程节点		责任人	工作说明
1	编制培训计划	技术负责人	编制年度工程类培训计划
		副所长（项目副经理）	编制年度综合类培训计划
		所长（项目经理）	根据培训需求，审定年度培训计划并印发，包括培训目的、人员、内容、时间、培训方式等
2	组织培训	所长（项目经理）	根据计划安排，组织培训
		副所长（项目副经理）	组织开展运行、检查、维养、安全类教育培训
		技术负责人	(1) 对新入职或离岗 6 个月重新上岗的员工开展岗前培训； (2) 开展运行、检查、维养、安全类教育培训
3	培训记录	技术负责人	收集整理培训过程资料，形成培训记录

附录 B　调度运行流程

B.1　调度指令执行流程可按图 B.1 执行，表 B.1 给出了该流程执行工作说明。

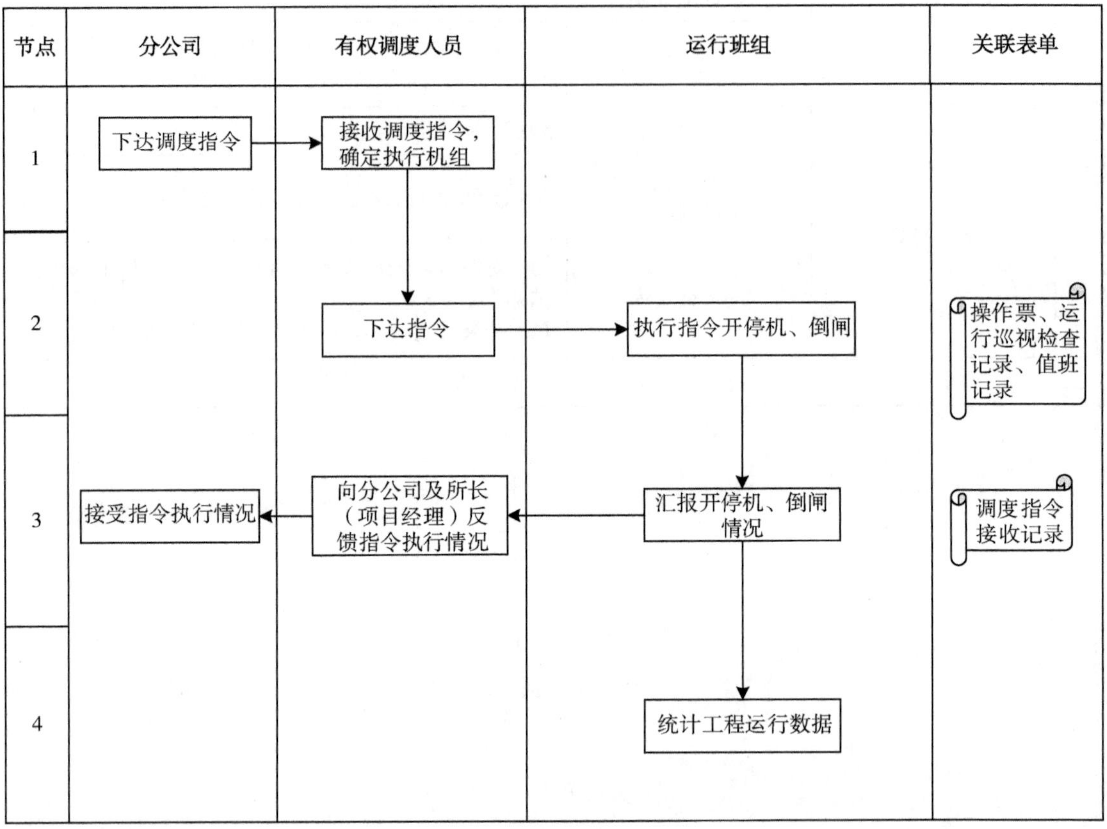

图 B.1　调度指令执行流程

表 B.1 调度指令执行流程说明

流程节点		责任人	工作说明
1	下达调度指令	分公司	接到公司调度文件后，向工程现场下达调度指令
		有权调度人员	接收分公司开停机调度指令，确定执行机组
2	指令执行	有权调度人员	向当班班组下达开停机或倒闸操作指令
		运行班组	接收调度指令，执行开停机、倒闸操作
3	反馈指令执行情况	运行班组	将操作情况反馈给有权调度人员
		有权调度人员	接收开停机、倒闸情况反馈，并向分公司及所长（项目经理）汇报指令执行情况
4	统计工程运行数据	运行班组	统计机组运行台时、调水量等相关数据

B.2　电气倒闸操作流程可按图B.2执行，表B.2给出了该流程执行工作说明。

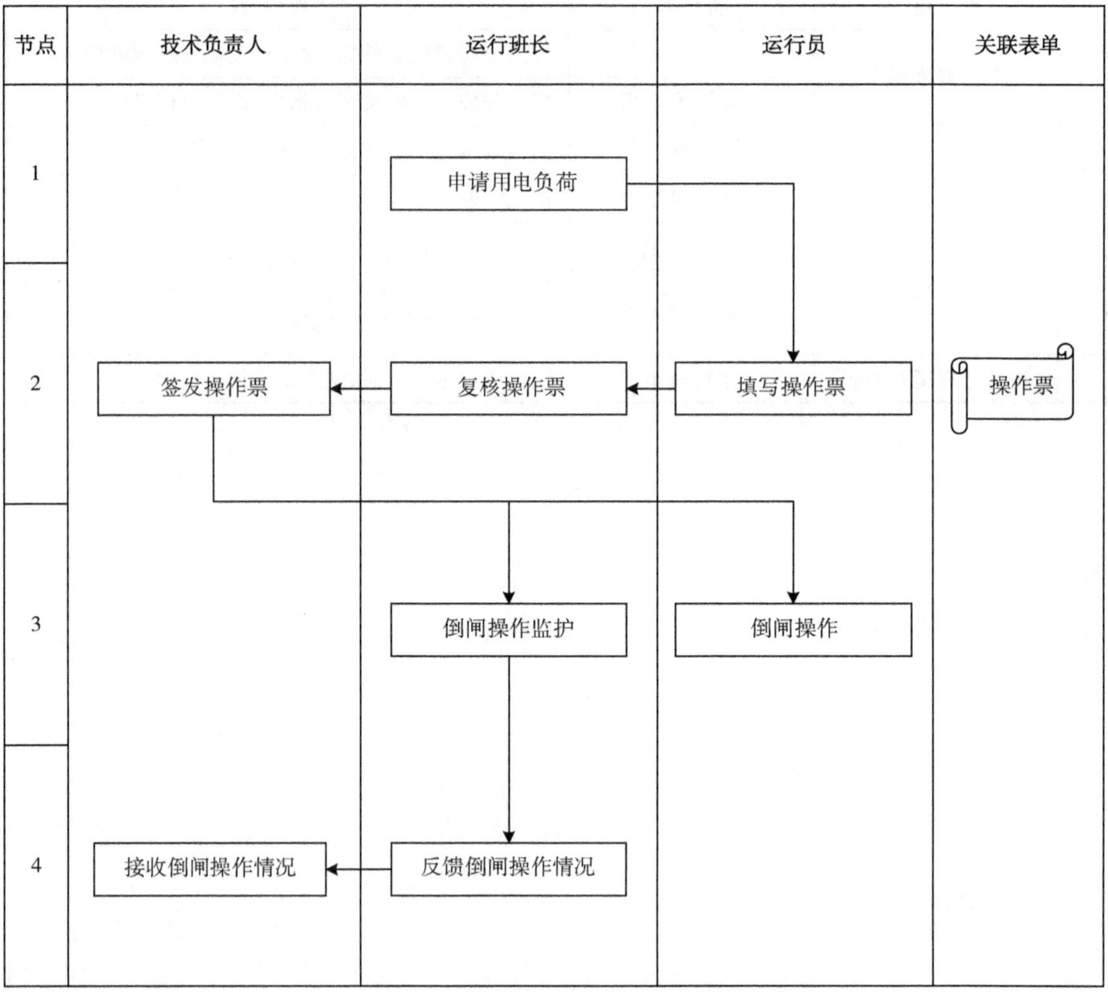

图B.2　电气倒闸操作流程

表 B.2 电气倒闸操作流程说明

流程节点		责任人	工作说明
1	申请用电负荷	运行班长	根据开、停机指令，确定用电负荷，与供电公司联系，履行主变服役报备手续
2	填写、复核、签发操作票	运行员	填写操作票
		运行班长	复核操作票
		技术负责人	签发操作票
3	倒闸操作	运行员	按照操作票内容进行倒闸操作
		运行班长	按照操作票内容进行倒闸操作过程监护
4	操作反馈	运行班长	将倒闸执行情况向技术负责人反馈

B.3　开停机操作流程可按图 B.3 执行，表 B.3 给出了该流程执行工作说明。

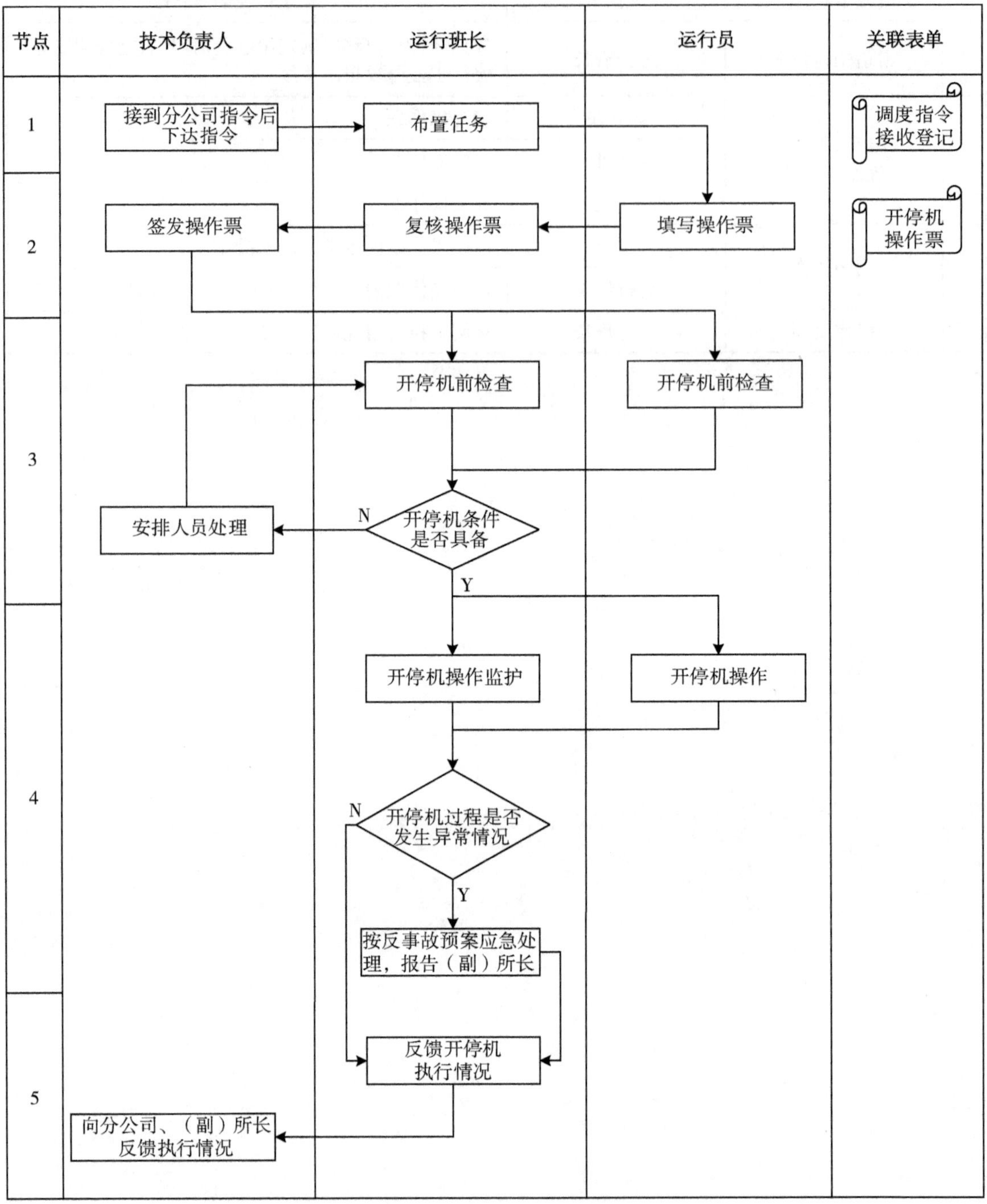

图 B.3　开停机操作流程

表 B.3　开停机操作流程说明

流程节点		责任人	工作说明
1	接收调度指令	技术负责人	接收分公司调度指令，确定执行机组和流量，向运行班组下达开停机指令
		运行班长	接收调度指令，通知班组成员立即就位
2	填写、复核、签发操作票	运行员	填写操作票
		运行班长	复核操作票
		技术负责人	签发操作票
3	开停机前准备	运行班长	布置开停机任务，按《操作作业指导书》对水工建筑物，金属结构，主、辅机系统，电气系统，自动化系统等进行检查，并判断是否具备开停机条件，如不具备开停机条件，向技术负责人报告
		运行员	按《操作作业指导书》对水工建筑物，金属结构，主、辅机系统，电气系统，自动化系统等进行检查
4	开停机操作	运行员	按《操作作业指导书》进行开停机操作
		运行班长	按《操作作业指导书》进行开停机操作监护，在发生异常情况时按反事故预案进行应急处理
5	反馈开停机执行情况	运行班长	向技术负责人反馈开停机执行情况
		技术负责人	向分公司、所长、副所长反馈指令执行情况

B. 4　操作票执行流程可按图 B. 4 执行，表 B. 4 给出了该流程执行工作说明。

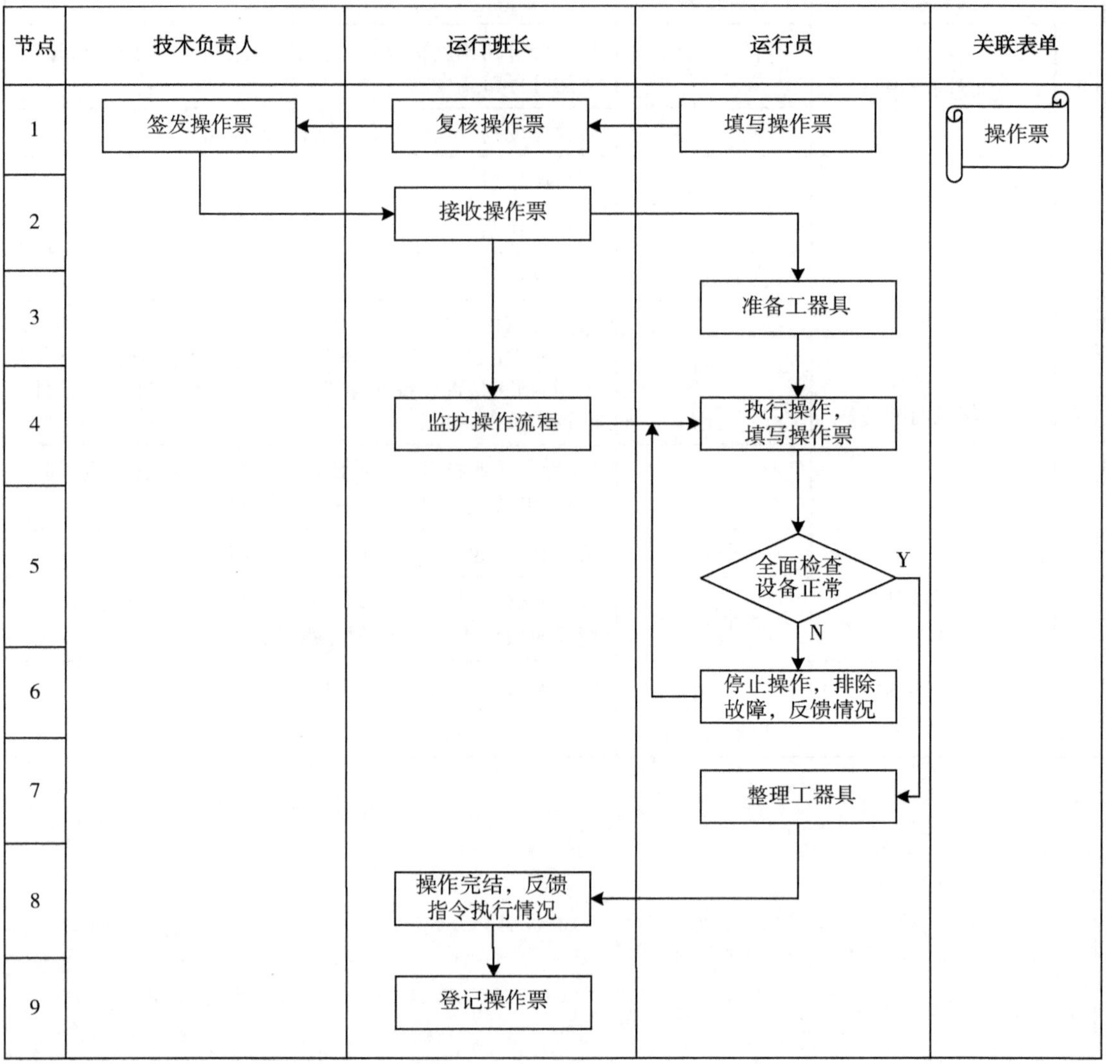

图 B. 4　操作票执行流程

表 B.4　操作票执行流程说明

流程节点		责任人	工作说明
1	填写、复核、签发操作票	运行员	填写操作票
		运行班长	复核操作票
		技术负责人	签发操作票
2	接收操作票	运行班长	当面向操作运行员下达详细的操作指令，包括操作内容、完成时间等
3	准备工器具	运行员	按操作票内容准备好操作用具和安全工器具，包括但不限于绝缘手套、验电器、接地线、个人用验电笔、倒闸操作专用把手等
4	执行操作	运行班长	操作过程中，操作人需面对操作设备，值班长面对操作设备站在操作人右后方，监护操作过程
		运行员	每项操作步骤： (1) 监护人唱票； (2) 操作人复诵并模拟操作； (3) 监护人再次确认设备； (4) 监护人下达操作命令； (5) 操作人执行； (6) 操作人检查设备状态； (7) 操作人汇报； (8) 监护人再次检查设备状态； (9) 监护人在操作票上打"√"； (10) 记录主要操作项目时间
5	全面检查设备正常	运行员、运行班长	检查设备操作后的状态，确认设备是否正常
6	停止操作，排除故障，反馈情况	运行员、运行班长	如设备操作或运行过程中发现异常，立即停止操作，及时排除故障，向运行班长汇报情况
7	整理工器具	运行员	将操作使用的工器具收拾整齐放回原位
8	操作完结，反馈执行情况	运行班长	操作完成后，向技术负责人汇报执行情况
9	登记操作票	运行班长	根据操作票执行情况，盖"已执行"或"作废"章，并做好登记工作

B.5　设备巡回检查工作流程可按图B.5执行，表B.5给出了该流程执行工作说明。

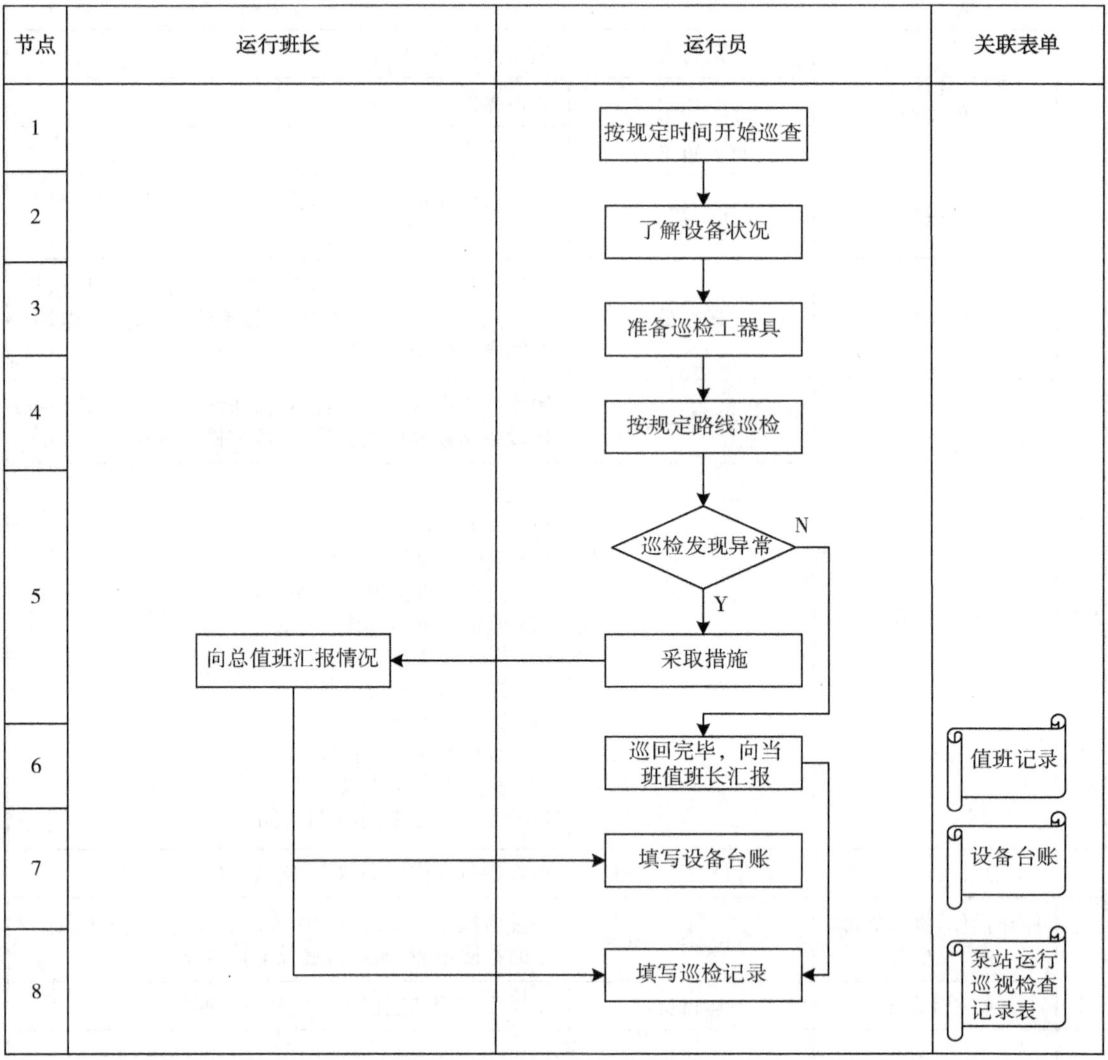

图B.5　设备巡回检查工作流程

表 B.5　设备巡回检查工作流程说明

流程节点		责任人	工作说明
1	按规定时间开始巡查	运行班长 运行员	按规定时间、规定的巡检路线对全站设备全面巡回检查
2	了解设备状况	运行班长 运行员	详细了解设备运行方式、试验、检修、缺陷、两票执行情况、现场安全措施布置等
3	准备巡检工器具	运行班长 运行员	巡检工器具包括但不限于验电笔、手电筒、安全帽、对讲机、点温仪等
4	按规定路线巡检	运行班长 运行员	巡检做到"六到一不漏"，即：该走到的地方要走到，该看到的地方要看到，该听到的地方要听到，该摸到的地方要摸到，该闻到的地方要闻到，该分析到的地方要分析到，不漏过任何一个可疑点
5	巡检发现异常	运行班长 运行员	(1) 设备巡回检查发现异常时应认真执行"三比较"，即与规程比较、与同类设备比较、与前次设备巡检情况比较； (2) 遇到威胁人身或设备安全的紧急情况时，巡检人员应自行果断对故障设备进行正确处理，并及时汇报运行班长
6	巡回完毕， 向运行班长汇报	运行员	将巡检情况详细汇报给运行班长
7	填写设备缺陷登记表	运行班长 运行员	将设备缺陷的详细信息记录于设备缺陷登记表
8	填写巡检记录	运行员	详细填写巡检记录

B.6　交接班流程可按图 B.6 执行，表 B.6 给出了该流程执行工作说明。

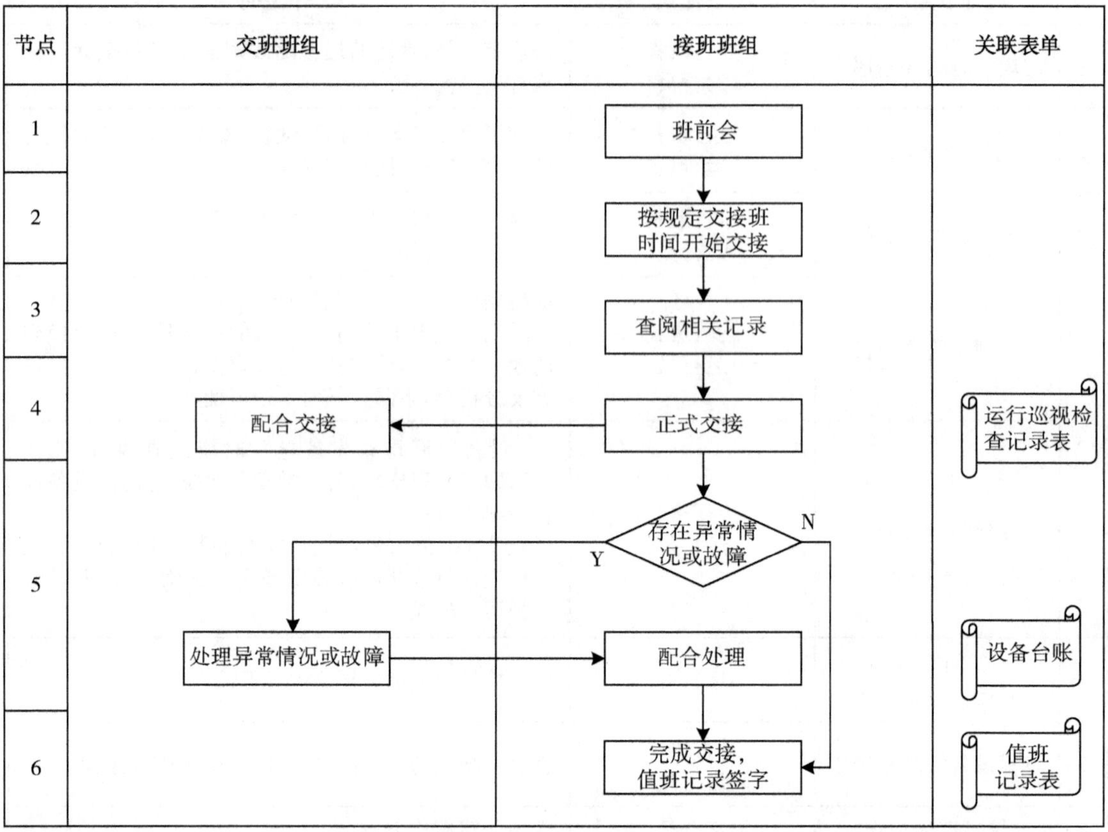

图 B.6　交接班流程

表 B.6 交接班流程说明

流程节点		责任人	工作说明
1	班前会	接班班组	接班值班长详细介绍本班主要工作和交接班要求，对人员进行分工、合理安排操作人员，对值班纪律提出要求等
2	按规定交接班时间开始交接	接班班组	按规定的交接班时间至现场进行交接，正点交班前后 20 分钟为交接班时间
3	查阅相关记录	接班班组	接班人员详细查阅值班记录、巡检记录、缺陷记录等，有不明的地方及时与交班人员沟通
4	正式交接	接班班组	正式交接分为书面交接、现场交接、口头交接和卫生交接： (1) 书面交接：设备操作情况及尚未执行的操作票；接受的工作票及尚未结束的工作票；各种记录、技术资料、运行工具和钥匙；本班发生的故障及处理情况； (2) 现场交接：泵站运行情况、设备有无缺陷、检修工作情况等； (3) 口头交接：交接班人员面对面列队进行交接。交班值班长要重点介绍自接班至下班以来开展的主要工作、调度指令执行、设备运行情况、有无运行隐患以及注意事项等。接班值班长应对设备运行情况、安全措施等进行核实； (4) 卫生交接
		交班班组	配合交接工作，准确、清晰回答接班班组提出的问题
5	异常情况处理	交班班组	交接过程中发现异常情况或故障，由交班班组负责处理
		接班班组	配合交班班组处理异常情况或故障
6	值班记录签字	接班班组 交班班组	交接完成后，交接班人员在值班记录上签字，完成交接

B. 7　设备定期轮换流程可按图 B. 7 执行，表 B. 7 给出了该流程执行工作说明。

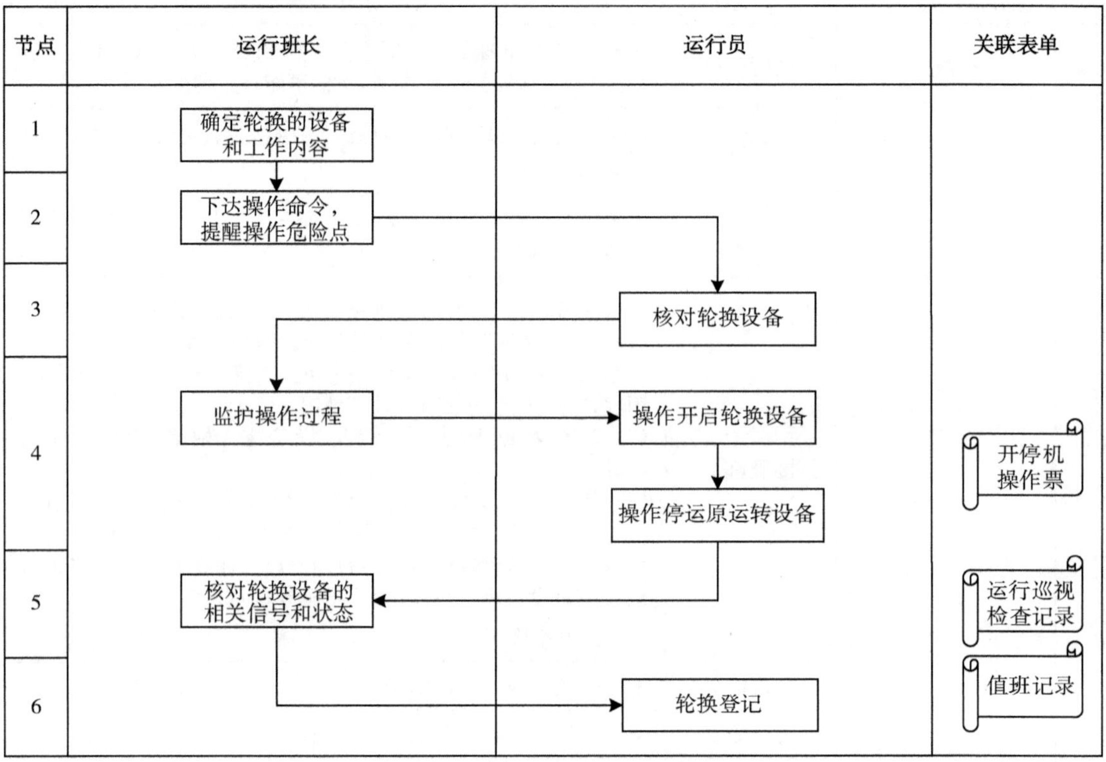

图 B. 7　设备定期轮换流程

表 B.7 设备定期轮换流程说明

流程节点		责任人	工作说明
1	确定轮换的设备和工作内容	运行班长	根据设备工作表确定当日进行轮换的设备和工作内容
2	下达操作指令	运行班长	下达操作指令，并指出操作过程的危险点
3	核对设备	运行员	核对需轮换和停机的设备编号和位置
4	执行轮换工作	运行班长	对操作过程进行监督
		运行员	按《设备操作手册》进行设备开机和停机操作
5	核对设备运转状态	运行班长	轮换工作完成后，核对设备的相关信号和运转状态，确定其符合运行要求
6	轮换登记	运行员	在运行值班记录上填写轮换记录，详细填写轮换设备编号、开启时间、停止时间

附录C　工程检查流程

C.1　经常检查流程可按图C.1执行，表C.1给出了该流程执行工作说明。

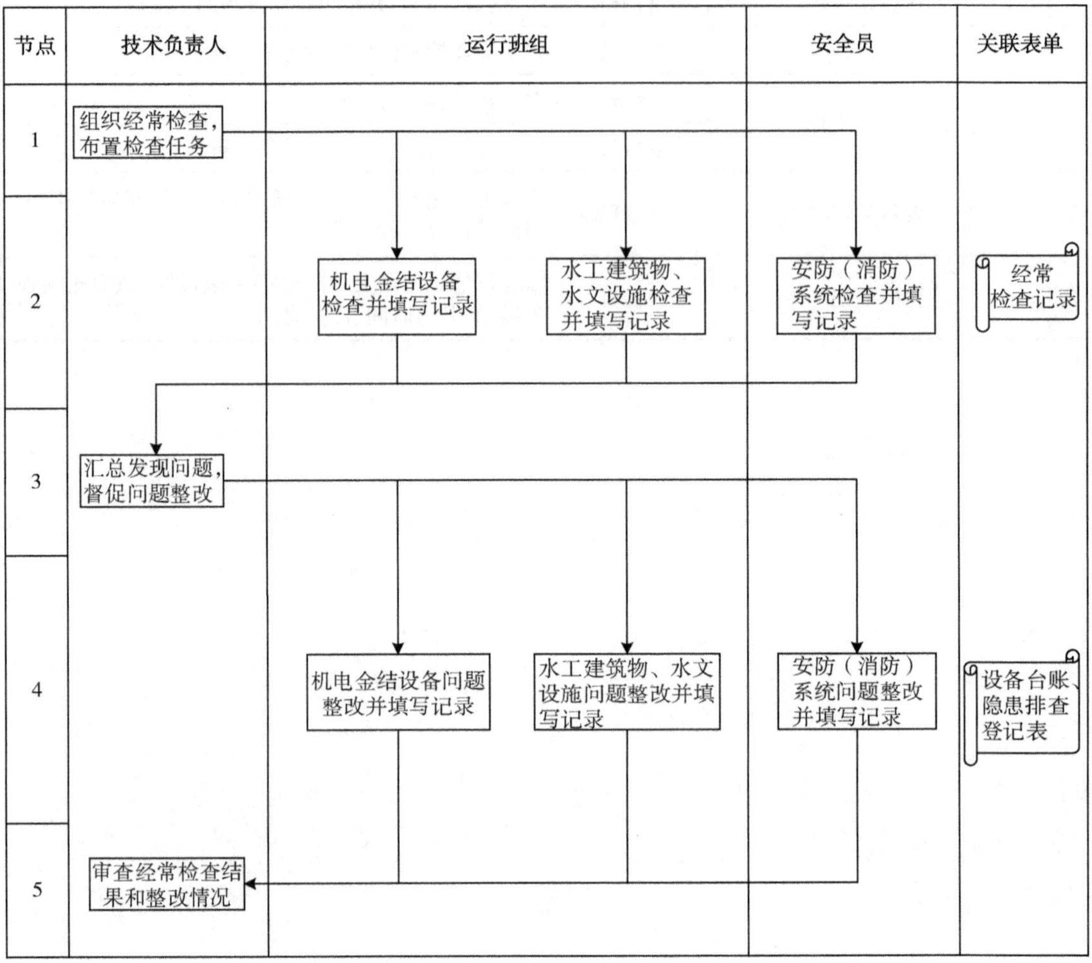

图C.1　经常检查流程

表 C.1 经常检查流程说明

流程节点		责任人	工作说明
1	组织检查，布置任务	技术负责人	组织经常检查，布置检查时间和要求
2	开展经常检查	运行班组	(1) 主电机、变压器、高低压配电、高低压进出线、励磁系统、直流系统等检查； (2) 保护装置、视频监视、自动化控制和监控等检查； (3) 水泵、齿轮箱、调节机构、断流设备、油系统、水系统检查； (4) 闸门、启闭机、清污机、拦污栅、行车等检查； (5) 泵站、渠道等水工建筑物及水文设施检查
		安全员	安防(消防)系统检查
3	汇总检查问题，组织督促整改	技术负责人	将经常检查发现的问题进行汇总，并组织人员进行整改，督促整改过程
4	经常检查问题整改	运行班组	(1) 主电机、变压器、高低压配电、高低压进出线、励磁系统、直流系统等问题整改； (2) 保护装置、视频监视、自动化控制和监控等问题整改； (3) 水泵、齿轮箱、调节机构、断流设备、油系统、水系统问题整改； (4) 闸门、启闭机、清污机、拦污栅、行车等问题整改； (5) 泵站、渠道等水工建筑物及水文设施问题整改
		安全员	安防(消防)系统问题整改
5	审查检查和整改结果	技术负责人	对经常检查结果和整改情况进行审查，按档案管理要求归档

C.2　定期检查流程可按图 C.2 执行，表 C.2 给出了该流程执行工作说明。

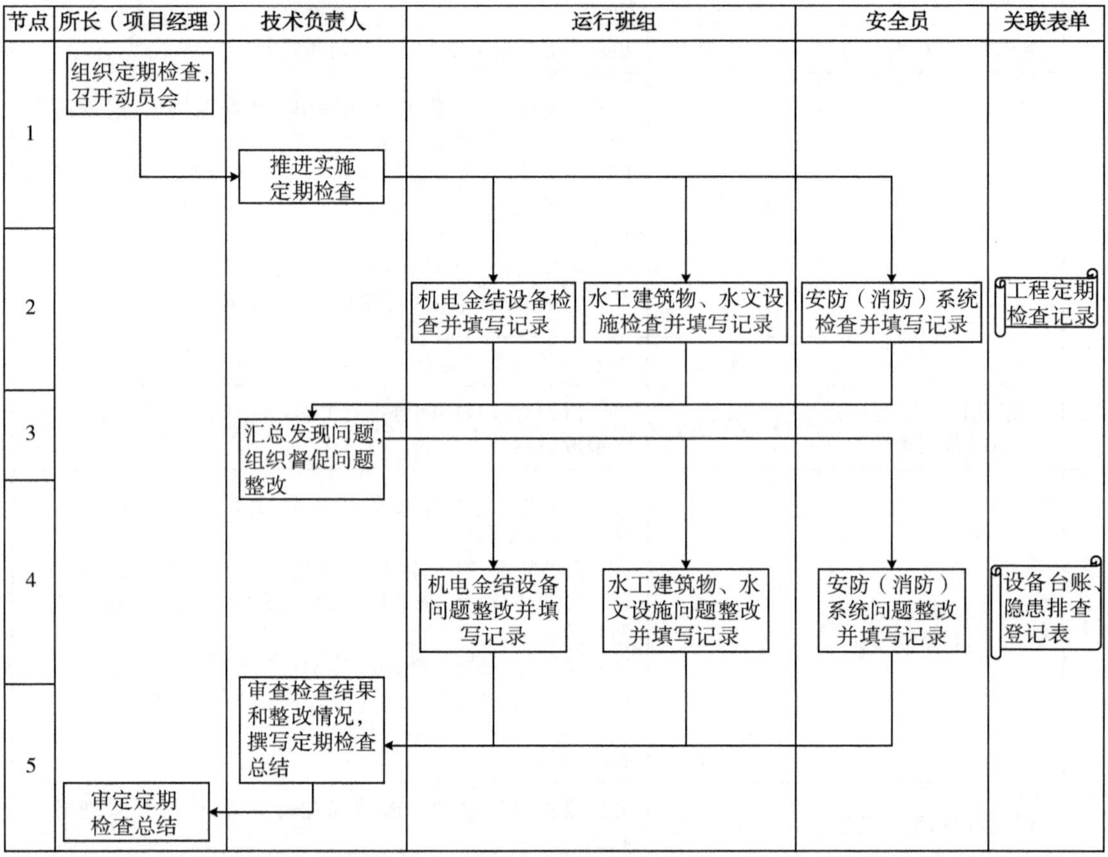

图 C.2　定期检查流程

表 C.2　定期检查流程说明

流程节点		责任人	工作说明
1	定期检查组织和动员	所长（项目经理）	组织汛前、汛后检查，召开专题动员会，布置落实检查工作
		技术负责人	(1) 编制定期检查方案； (2) 负责实施定期检查，推进检查进度
2	开展定期检查	运行班组	(1) 主电机、变压器、高低压配电、高低压进出线、励磁系统、直流系统等检查； (2) 保护装置、视频监视、自动化控制和监控等检查； (3) 水泵、齿轮箱、调节机构、断流设备、油系统、水系统检查； (4) 闸门、启闭机、清污机、拦污栅、行车等检查； (5) 泵站、渠道等水工建筑物及水文设施检查
		安全员	安防（消防）系统检查
3	汇总发现问题，组织督促整改	技术负责人	将定期检查发现的问题进行汇总，并组织人员进行整改，督促整改过程
4	定期检查问题整改	运行班组	(1) 主电机、变压器、高低压配电、高低压进出线、励磁系统、直流系统等问题整改； (2) 保护装置、视频监视、自动化控制和监控等问题整改； (3) 水泵、齿轮箱、调节机构、断流设备、油系统、水系统问题整改； (4) 闸门、启闭机、清污机、拦污栅、行车等问题整改； (5) 泵站、渠道等水工建筑物及水文设施问题整改
		安全员	安防（消防）系统问题整改
5	审查定期检查结果和整改情况	技术负责人	对定期检查结果和整改情况进行审查，撰写定期检查总结
		所长（项目经理）	审定定期检查总结

C.3　特别检查流程可按图 C.3 执行，表 C.3 给出了该流程执行工作说明。

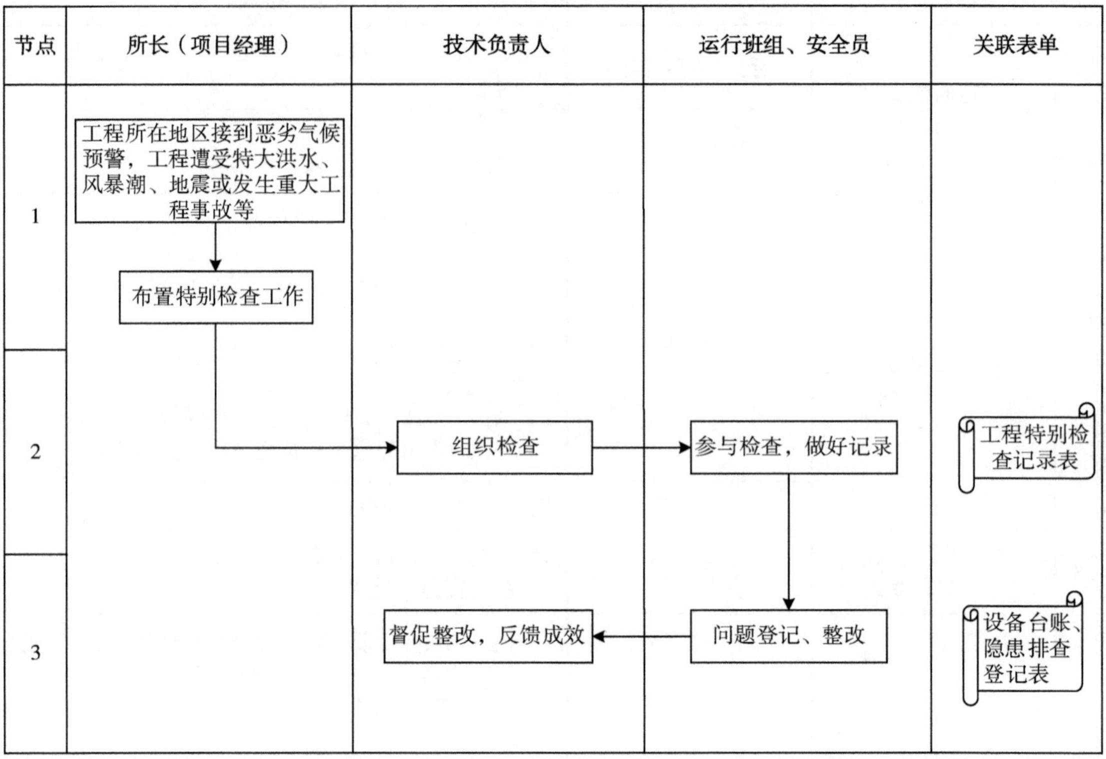

图 C.3　特别检查流程

表 C.3　特别检查流程说明

流程节点		责任人	工作说明
1	布置特别检查工作	所长(项目经理)	工程所在地区接到恶劣气候预警,工程遭受特大洪水、风暴潮、地震或发生重大工程事故等情况后,布置落实人员对工程和设备进行检查
2	实施检查	技术负责人	组织运行班组对工程设备开展检查
		运行班组、安全员	按照任务分工对工程设备进行检查,并做好相关记录
3	问题整改	技术负责人	对检查结果进行审核,对发现的问题进行督促整改,并反馈整改成效
		运行班组、安全员	对检查发现的问题进行记录,并进行整改、完善

C.4　工程观测管理流程可按图 C.4 执行，表 C.4 给出了该流程执行工作说明。

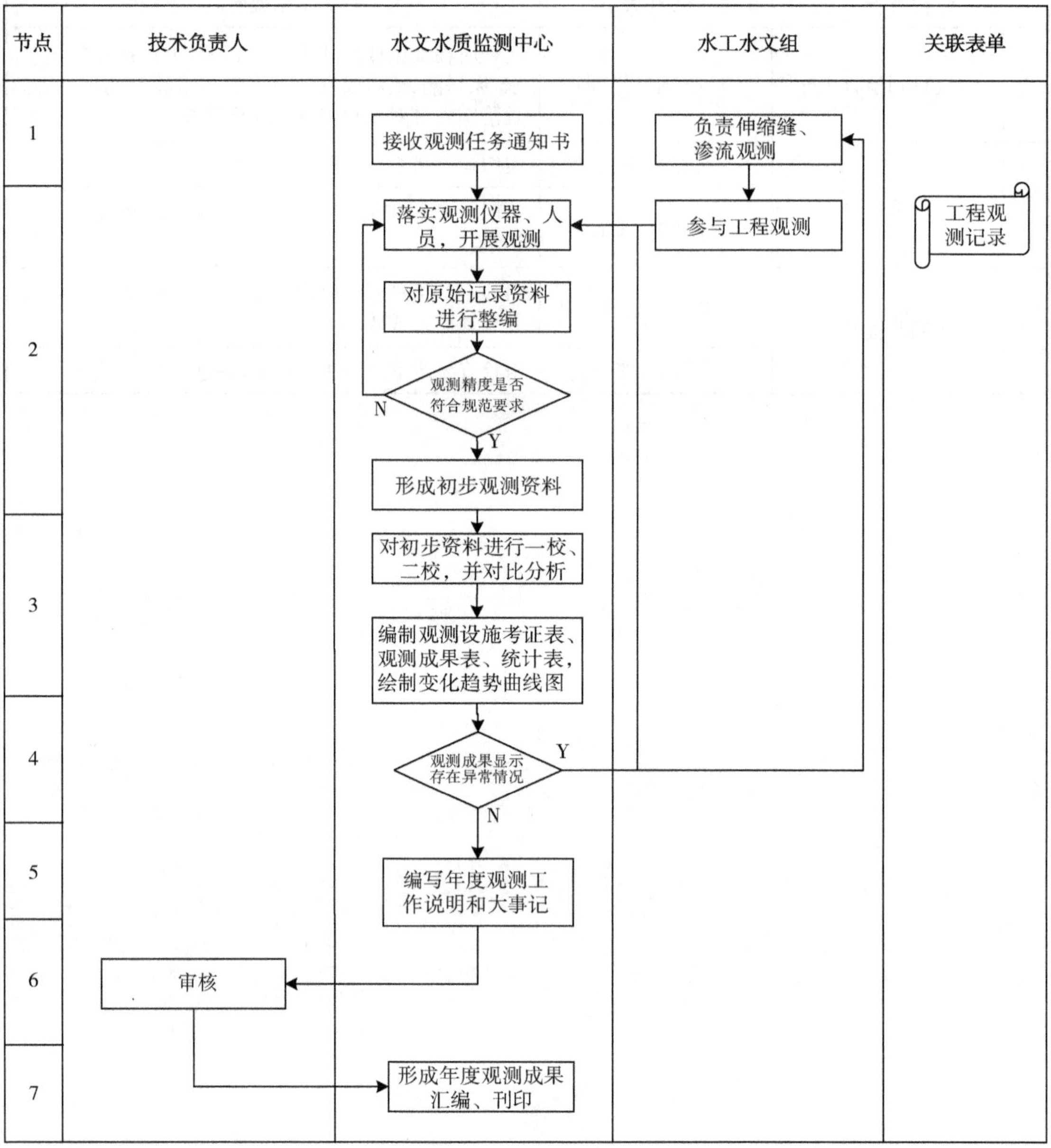

图 C.4　工程观测管理流程

表 C.4　工程观测管理流程说明

流程节点		责任人	工作说明
1	接收观测任务通知书	水文水质监测中心	接收观测任务纸质书，包括观测项目、观测人员、观测资料整编等
2	落实观测仪器、人员，开展观测并形成初步观测资料	水工水文组	(1) 负责伸缩缝、渗流观测； (2) 参与工程观测
		水文水质监测中心	接收观测任务通知书后，落实观测仪器、人员，开始观测，对现场记录资料进行计算整理，检查观测精度是否符合规范要求，形成初步观测资料，如不符合规范要求，应查明原因后重测或复测
3	观测资料整编	水文水质监测中心	对初步观测资料进行一校、二校，对观测成果对比分析，编制观测设施考证表、观测成果表、统计表，同时绘制变化趋势曲线图
4	复测	水文水质监测中心	观测成果显示工程存在异常时，组织开展复测；若复测成果依然显示工程存在异常，将情况反馈管理单位进行上报
5	观测成果编制	水文水质监测中心	编写年度观测工作说明和大事记
6	审核观测成果	技术负责人	审查整编后的观测成果
7	成果归档	水文水质监测中心	形成年度观测成果汇编、刊印

附录 D　维修养护流程

D.1　日常维修养护流程可按图 D.1 执行，表 D.1 给出了该流程执行工作说明。

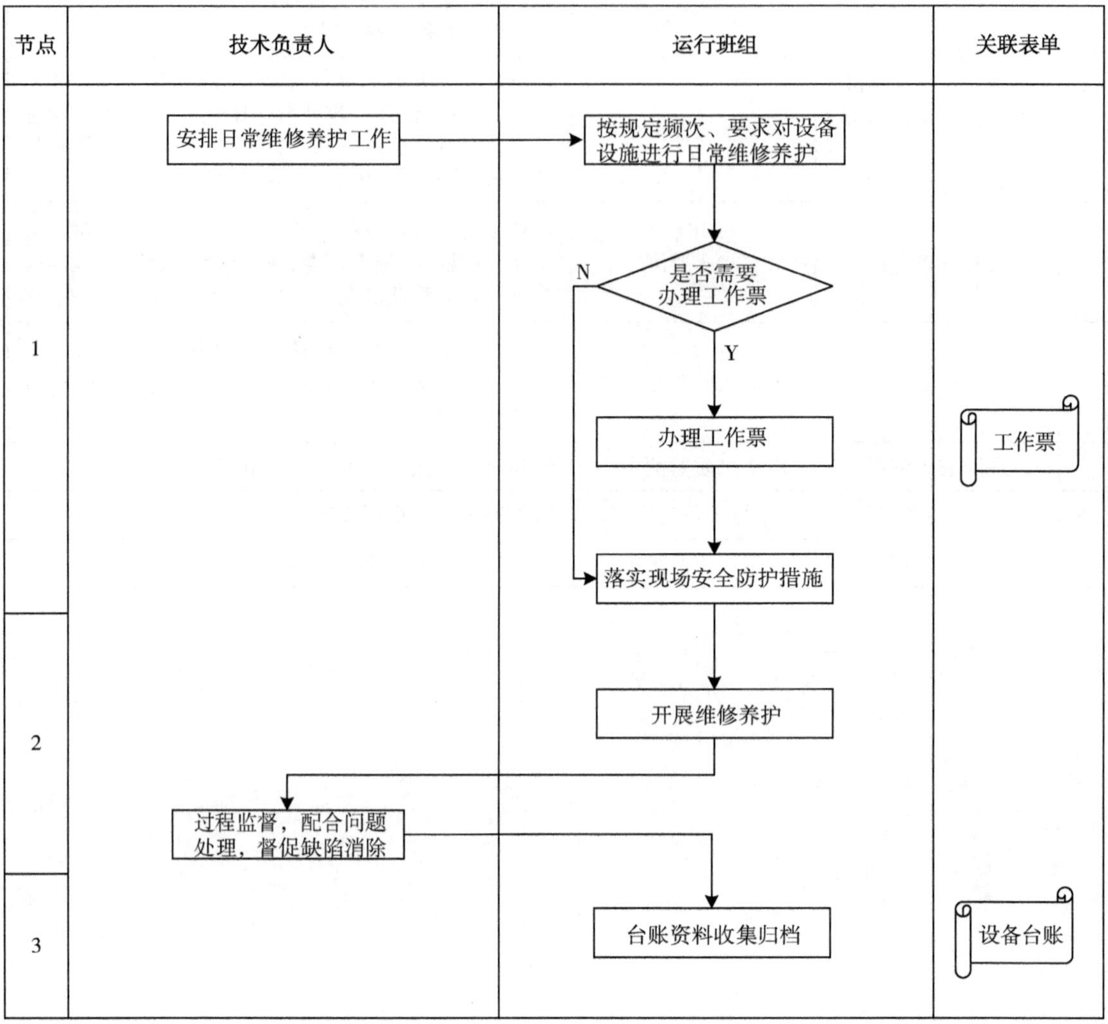

图 D.1　日常维修养护流程

表 D.1　日常维修养护流程说明

流程节点		责任人	工作说明
1	日常维修养护工作开展	技术负责人	安排日常维修养护工作
		运行班组	根据工作分配，按规定频次、要求对设备设施进行日常维修养护工作
		运行班组	需要办理工作票的作业及时填写工作票，按要求落实现场安全防护措施
2	维修养护作业	运行班组	根据设备维护清单手册对设备设施进行日常维修养护
		技术负责人	对维修养护过程进行监督，督促问题整改
3	台账资料收集归档	运行班组	根据维修养护的实施内容和发现的问题，及时填写相关记录

D.2　设备缺陷管理流程可按图D.2执行，表D.2给出了该流程执行工作说明。

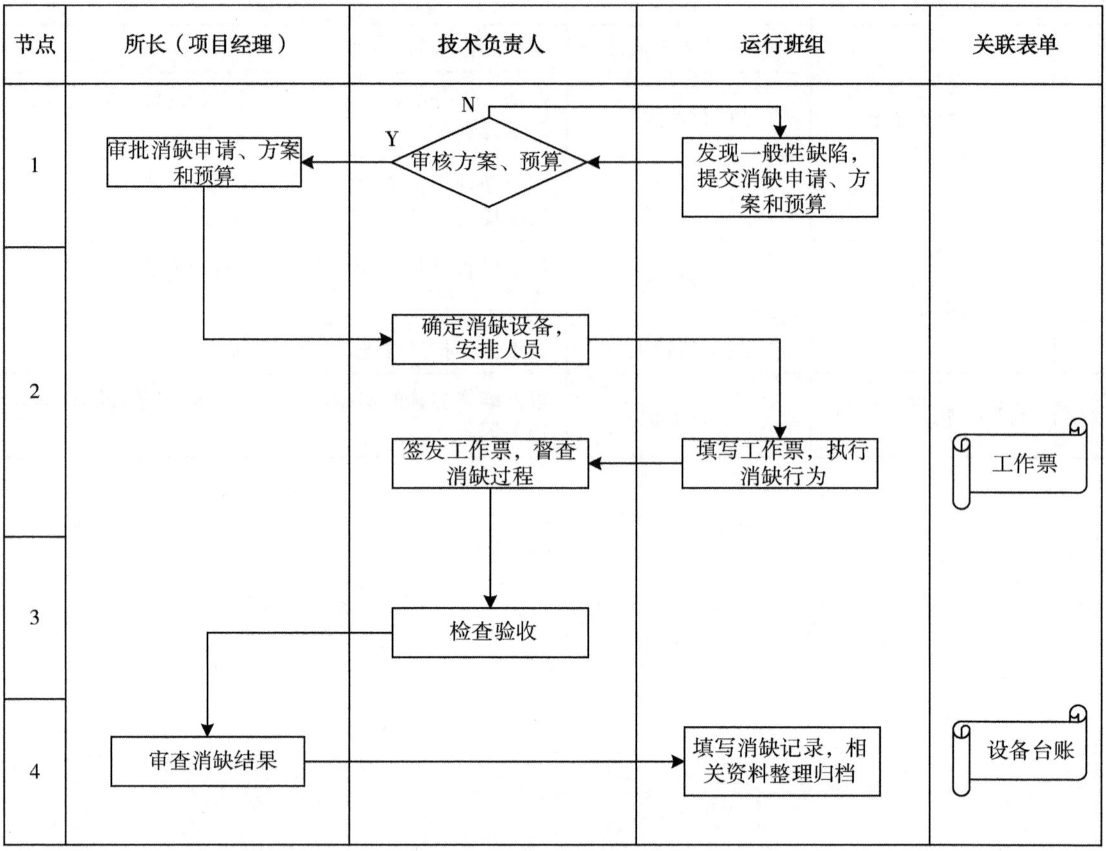

图D.2　设备缺陷管理流程

表 D.2 设备缺陷管理流程说明

流程节点		责任人	工作说明
1	消缺申请	所长(项目经理)	审批消缺申请、消缺方案和预算，批准消缺所需物资的使用
		技术负责人	审核上报的消缺方案和预算并提交所长(项目经理)
		运行班组	发现设备、设施缺陷，提交消缺申请和消缺方案、预算
2	消缺行为	技术负责人	(1) 确定消缺设备和消缺人员； (2) 签发工作票，督查消缺过程
		运行班组	填写工作票，进行消缺工作
3	检查验收	技术负责人	确定缺陷处理工作完成
4	审查消缺结果、消缺记录	所长(项目经理)	检查、验收缺陷处理结果
		运行班组	填写消缺记录，资料整理归档

D.3 岁修项目申报流程可按图 D.3 执行，表 D.3 给出了该流程执行工作说明。

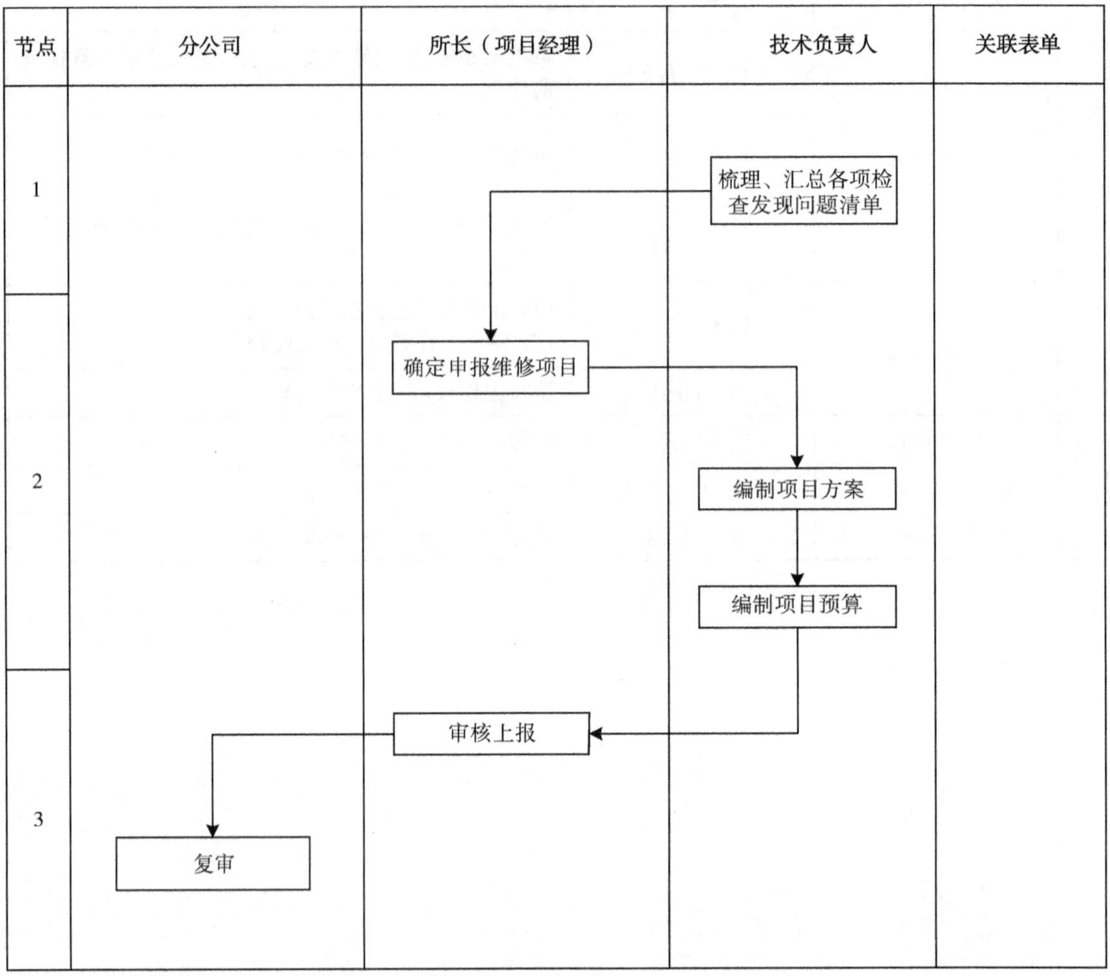

图 D.3 岁修项目申报流程

表 D.3　岁修项目申报流程说明

流程节点		责任人	工作说明
1	问题梳理	技术负责人	每年 11 月 30 日前，根据汛后检查、工程运行及各类检查情况梳理工程存在问题并汇总成清单，提交所长
2	编制项目计划	所长（项目经理）	审查问题清单，确定需要上报的维修项目
		技术负责人	根据维修需求，编制项目方案和预算
3	项目方案审批	所长（项目经理）	对项目方案和项目预算进行初审，上报分公司
		分公司	对项目方案和项目预算进行复审，上报公司

D. 4　维修项目管理流程可按图 D. 4 执行，表 D. 4 给出了该流程执行工作说明。

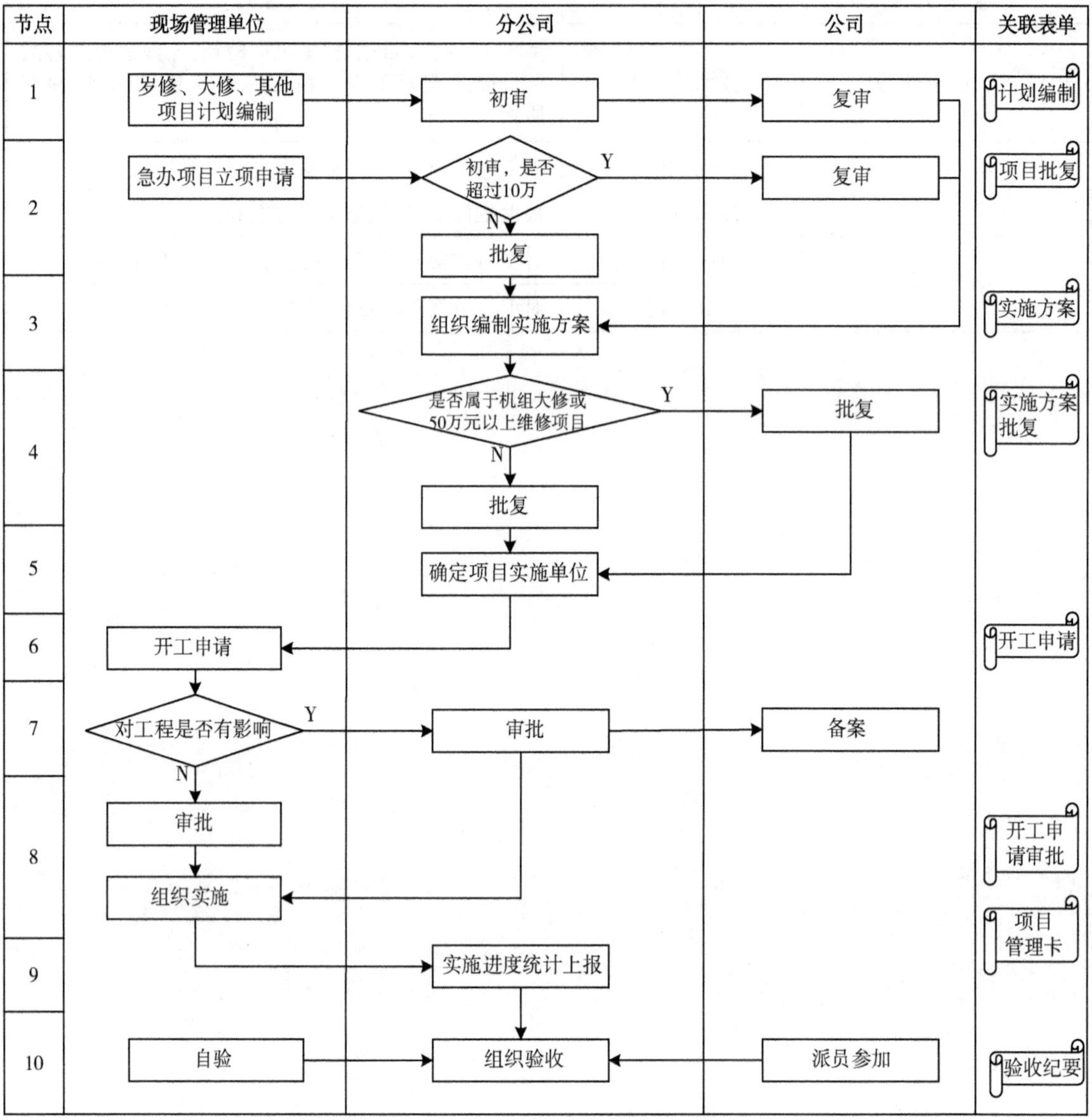

图 D. 4　维修项目管理流程

表 D.4　维修项目管理流程说明

流程节点		责任人	工作说明
1	立项申请	现场管理单位	(1) 11月底，项目管理单位编制岁修、大修及其他项目立项申请； (2) 根据工程运行、度汛实际情况，项目管理单位编制急办项目立项申请
2	审批立项申请	分公司	(1) 12月15日前完成岁修、大修及其他项目初审，并报公司； (2) 10个工作日内完成10万元以下项目的审批和报备、10万元以上项目的初审和上报
		公司	(1) 公司及时完成岁修、大修及其他项目的批复； (2) 10个工作日内完成10万元以上急办项目的批复
3	组织编制实施方案	分公司	项目批复后15个工作日内，分公司组织项目管理单位完成项目实施方案编制
4	批复实施计划	分公司	15个工作日内，分公司负责机组大修、50万元以上维修项目实施计划的初审上报，负责辖区内电气预防性试验、自动化系统维护和50万元以下维修项目实施计划的审核批复
		公司	15个工作日内，公司负责机组大修和50万元及以上维修项目实施计划的审核批复
5	确定项目实施单位	分公司	(1) 公司直属中心、全资子公司和控股子公司有能力实施的项目，可优先交由其实施； (2) 单项合同估算价10万元及以上的，确定实施单位的具体相关工作由分公司负责
		分公司或现场管理单位	单项合同估算价在10万元以下的，确定实施单位的具体相关工作可由分公司或现场管理单位负责
6	开工申请	现场管理单位	开工必须具备的条件：项目实施方案计划已批复、工程实施合同已签订、合同要求的资料已完备。对影响工程使用的项目需制定工程运行应急措施
7	审批开工申请	现场管理单位	审批对工程运行无重大影响的项目的开工申请
		分公司	审批对工程运行有重大影响的项目的开工申请
		公司	对工程的运行有重大影响的需报公司备案
8	组织实施	现场管理单位	加强安全管理、进度管理、质量管理，参照《江苏省水利工程施工质量检验与评定规范》等相关验收标准进行质量检验
9	实施进展统计上报	分公司	(1) 每月25日前，分公司汇总上报项目实施进度月报； (2) 大修等项目实施期间，每周五分公司上报周报
10	验收	分公司	(1) 项目验收应于次年4月底前完成； (2) 机组大修、50万元及以上维修项目验收应报请公司派员参加

D.5 养护项目管理流程可按图 D.5 执行，表 D.5 给出了该流程执行工作说明。

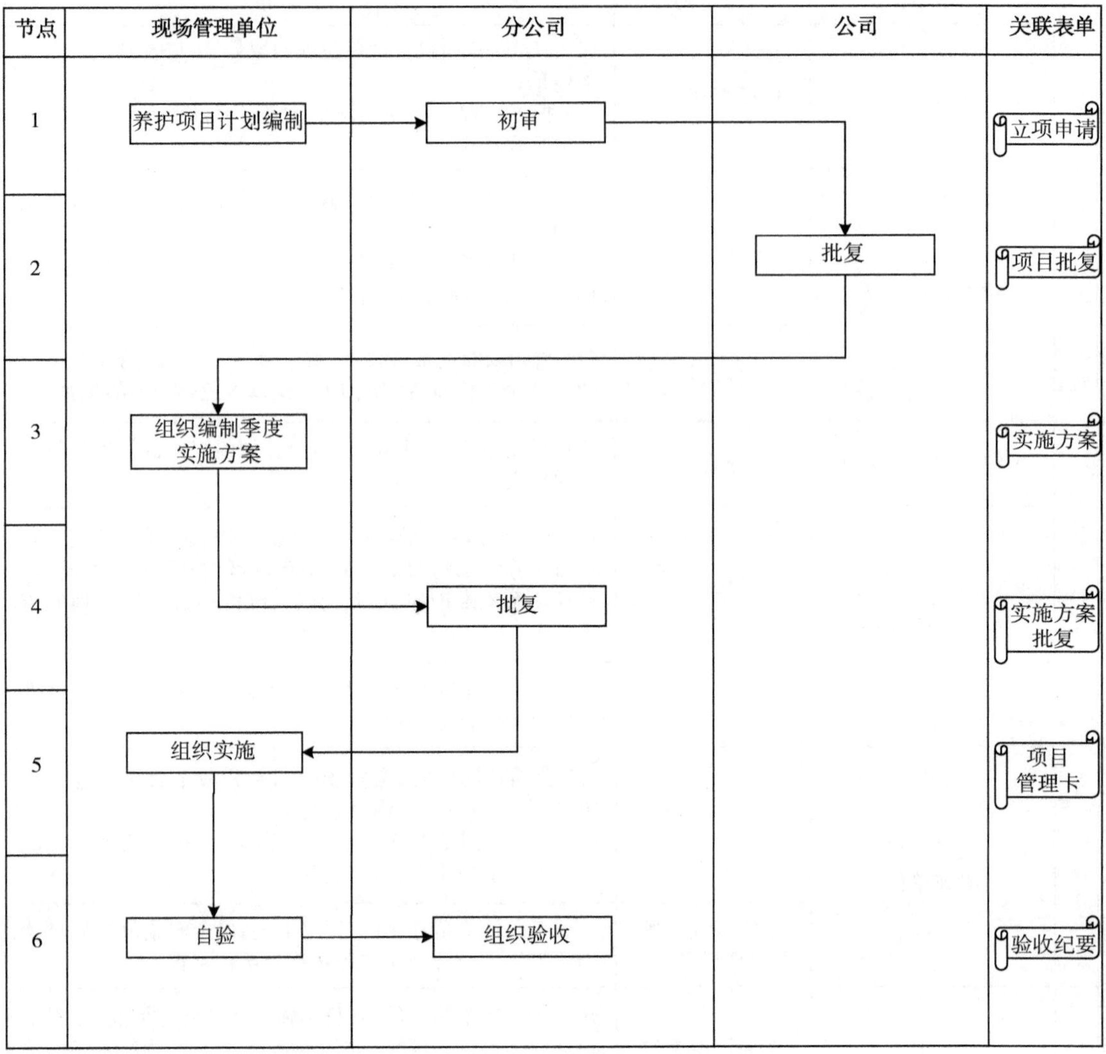

图 D.5 养护项目管理流程

表 D.5　养护项目管理流程说明

流程节点		责任人	工作说明
1	计划编制、初审	现场管理单位	11 月底，现场管理单位编制养护项目立项申请
		分公司	12 月 15 日前完成项目初审，并报公司
2	项目批复	公司	公司及时完成项目批复
3	组织编制实施方案	现场管理单位	前一季度最后一个月 20 日前编制完成并上报分公司
4	批复实施方案	分公司	前一季度最后一个月 30 日前完成审核批复
5	组织实施	现场管理单位	加强安全管理、进度管理、质量管理，参照《江苏省水利工程施工质量检验与评定规范》等相关验收标准进行质量检验
6	验收	分公司	项目验收应于次年 4 月底前完成

附录E　等级评定流程

E.1　等级评定流程可按图E.1执行，表E.1给出了该流程执行工作说明。

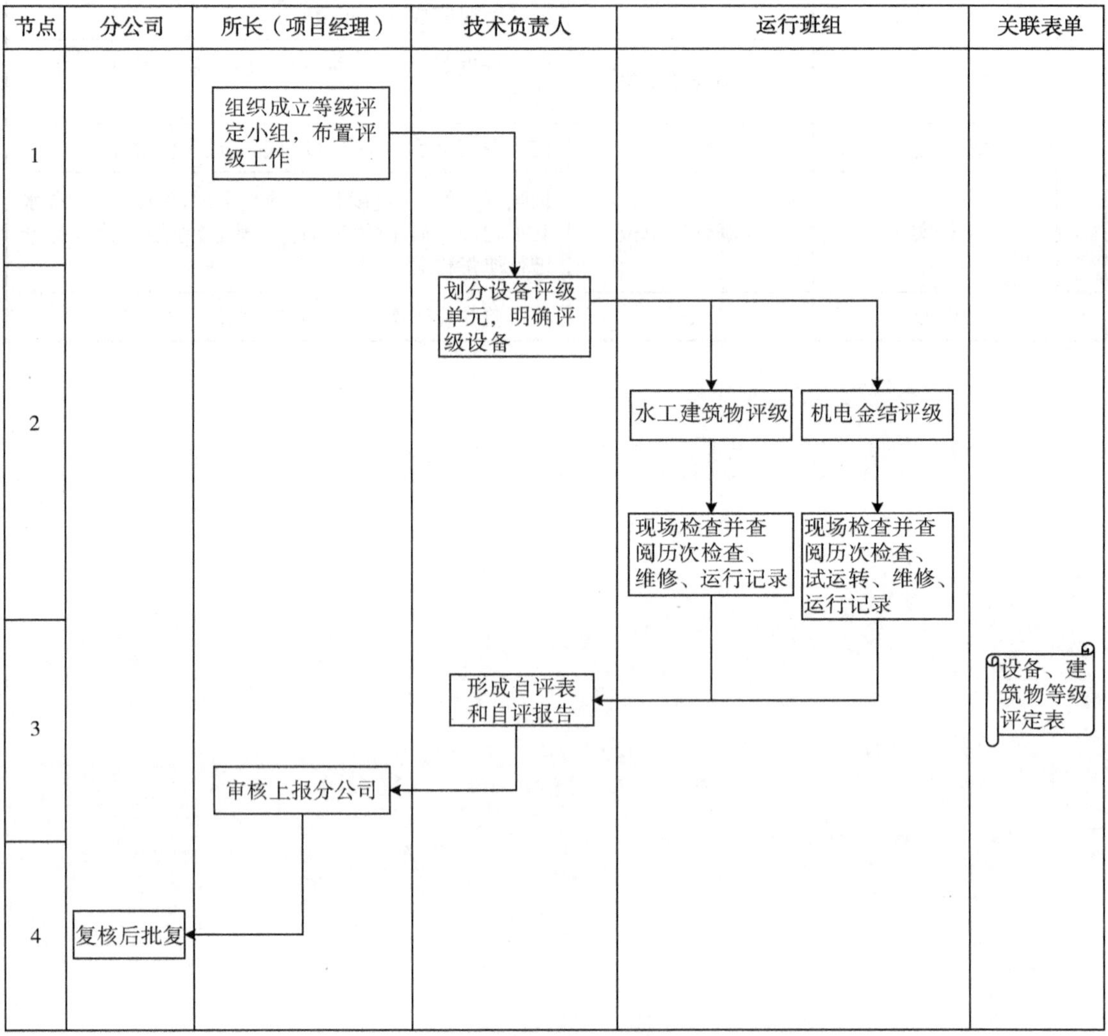

图E.1　等级评定流程

表 E.1 等级评定流程说明

流程节点		责任人	工作说明
1	布置评级工作	所长(项目经理)	每年 5 月 31 日前,根据评级要求和设备状况,布置评级工作,明确要求、内容、标准等
2	评级工作	技术负责人	划分设备评级单元,明确评级设备
		运行班组	开展水工建筑物、机电金结评级,现场检查并查阅历次检查、维修、运行记录
3	项目验收	技术负责人	汇总评级结果,形成自评表和自评报告
		所长(项目经理)	审核自评表和自评报告,并上报分公司
4	复核后批复	分公司	对现场管理单位上报的等级评定结果进行复核并行文批复

附录 F　安全管理流程

F.1　工作票执行流程可按图 F.1 执行，表 F.1 给出了该流程执行工作说明。

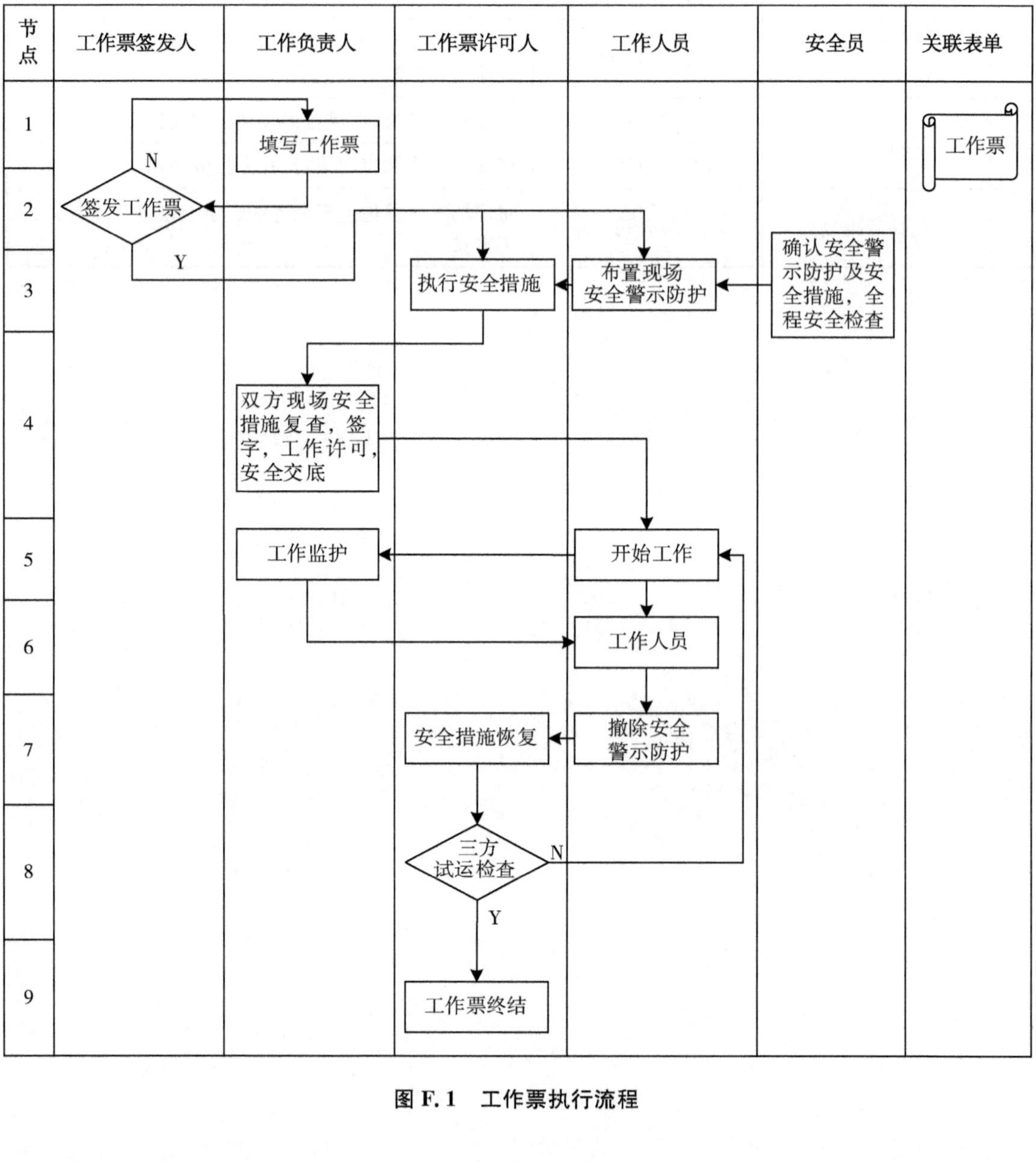

图 F.1　工作票执行流程

表 F.1 工作票执行流程说明

流程节点		责任人	工作说明
1	工作票的填写	工作负责人	(1) 工作负责人必须根据工作内容详细填写保证安全的措施； (2) 对危险点详细分析及预控措施的全面性、正确性及有效落实负责； (3) 确定检修工期，根据检修安全措施需要，选择工作票的种类； (4) 确定工作班人员
2	工作票的签发	工作票签发人	(1) 工作票签发人确定工作是否必要和可能；工作票中安全措施和危险点分析及预控措施是否正确和完善。审查工作负责人和工作班成员人数和技术力量是否适当，是否满足工作需要； (2) 工作票签发人必须经公司正式发文批准的人员才可担任，不得代签
3	布置现场安全警示防护	工作人员	根据工作场所可能发生危险的部位、地点布置必要的安全警示和防护设施，确保工作安全
	执行安全措施	工作票许可人	根据工作票种类、计划开工时间、安全措施内容，由运行班长安排运行班执行工作票所列安全措施，悬挂标示牌
	安全检查	安全员	检查确认安全警示、防护设施是否规范，各项安全措施是否执行完毕，全程进行安全检查
4	双方现场安全措施复查，签字，工作许可，安全交底	工作负责人	(1) 工作票许可人会同工作负责人共同到现场对照工作票逐项检查，确保所列安全措施完善和正确执行； (2) 工作票许可人向工作负责人详细说明现场保留带电设备、旋转机械、压力设备，防火和防触电等注意事项后，完成工作票许可手续； (3) 开始工作前，工作负责人应将工作地点和工作任务、安全措施落实情况、危险点分析及预控措施落实情况以及安全注意事项向全体工作班人员交代清楚； (4) 工作人员逐个在"交底确认"栏中签字确认后，方可下达开工命令
5	开始工作	工作人员	工作过程中，注意安全
	工作监护	工作负责人	开工后，工作负责人应始终在工作现场，对工作班人员的安全进行监护，及时纠正不安全的行为
6	工作完成	工作人员	全部工作完毕后，工作负责人应全面检查并组织清扫。做到"工完、料净、场地清"。待全体工作人员撤离工作地点后，向运行班详细交待所检修项目、发现的问题、工作结果和运行班应注意的事项等
7	安全措施恢复	工作票许可人	恢复现场安全措施，对未恢复的安全措施，上报并做好记录
	撤除安全警示防护	工作人员	将现场安全警示和防护设施撤除，为试运行做好准备
8	设备试运	工作负责人 工作票许可人 工作人员	检修设备试运工作由工作负责人做出临时检修交待，提出试运申请，经工作票许可人同意并收回工作票，经工作票许可人(运行班长)批准后，可以进行试运工作
9	工作票终结	工作票许可人	在工作票加盖"已终结"章

F.2　安全风险管控流程可按图F.2执行，表F.2给出了该流程执行工作说明。

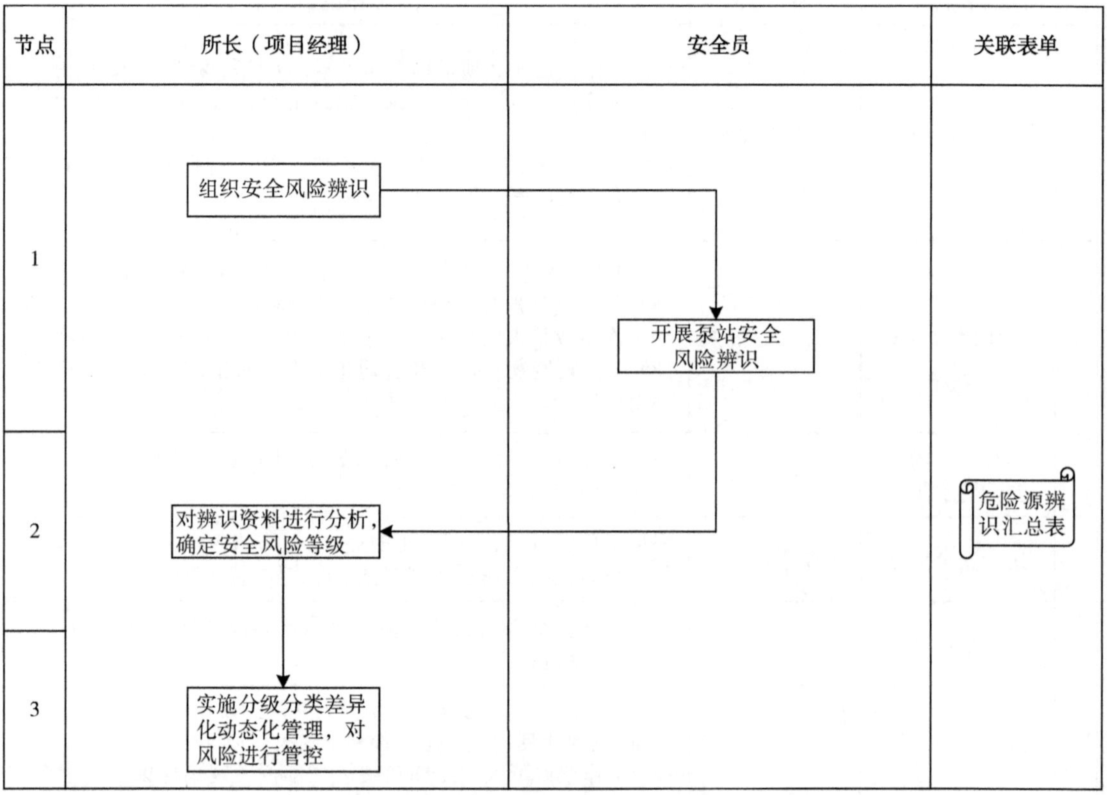

图F.2　安全风险管控流程

表 F.2　安全风险管控流程说明

流程节点		责任人	工作说明
1	安全风险辨识	所长(项目经理)	组织泵站进行安全风险辨识工作
		安全员	开展泵站安全风险辨识工作
2	确定安全风险等级	所长(项目经理)	对辨识资料进行分析,确定安全风险等级
3	风险管控	所长(项目经理)	实施分级分类差异化动态化管理,对风险进行管控

F.3　危险源管控流程可按图 F.3 执行，表 F.3 给出了该流程执行工作说明。

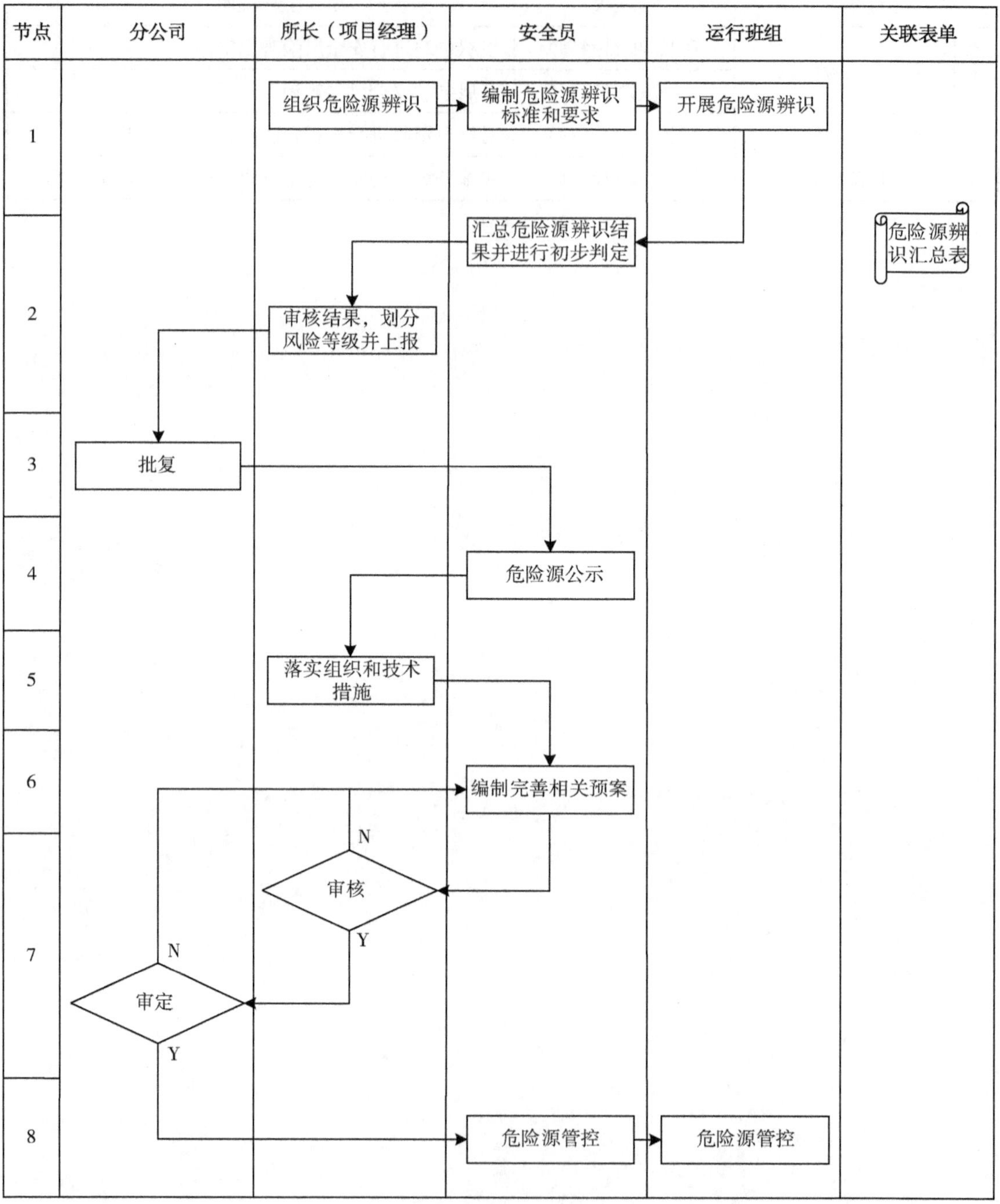

图 F.3　危险源管控流程

表 F.3　危险源管控流程说明

流程节点		责任人	工作说明
1	危险源识别	所长(项目经理)	组织危险源辨识工作,分配工作任务
		安全员	编制危险源辨识标准和要求,参与辨识工作
		运行班组	做好危险源辨识工作
2	审核识别结果	安全员	汇总危险源辨识结果,并进行初步判定
		所长(项目经理)	审核辨识、判定结果,并上报分公司
3	危险源辨识批复	分公司	审批危险源辨识、判定结果
4	危险源公示	安全员	将审批的危险源辨识、判定结果进行公示
5	落实组织和技术措施	所长(项目经理)	负责建立危险源管控组织,落实技术管控措施
6	编制完善相关预案	安全员	根据批复的危险源,编制完善相关预案
7	审核、审定预案	所长(项目经理)	审核预案
		分公司	审定预案
8	危险源管控	安全员 运行班组	(1) 对已辨识的重大危险源应采取技术措施、组织措施进行监控,技术措施包括设计、建设、运行、维护、检查等,组织措施包括明确人员职责、人员培训、防护器具配置、作业要求等; (2) 在相关部位增设重大危险源告知牌,内容包括危险源内容、安全注意事项、责任人、应急措施等; (3) 建立危险源动态台账,定期巡视检查,掌握危险源状况和变化趋势; (4) 危险源部位发生突发事故时,应依据应急预案立即组织抢险,减少人员伤亡和工程损失

F.4　安全检查(隐患排查)流程可按图F.4执行，表F.4给出了该流程执行工作说明。

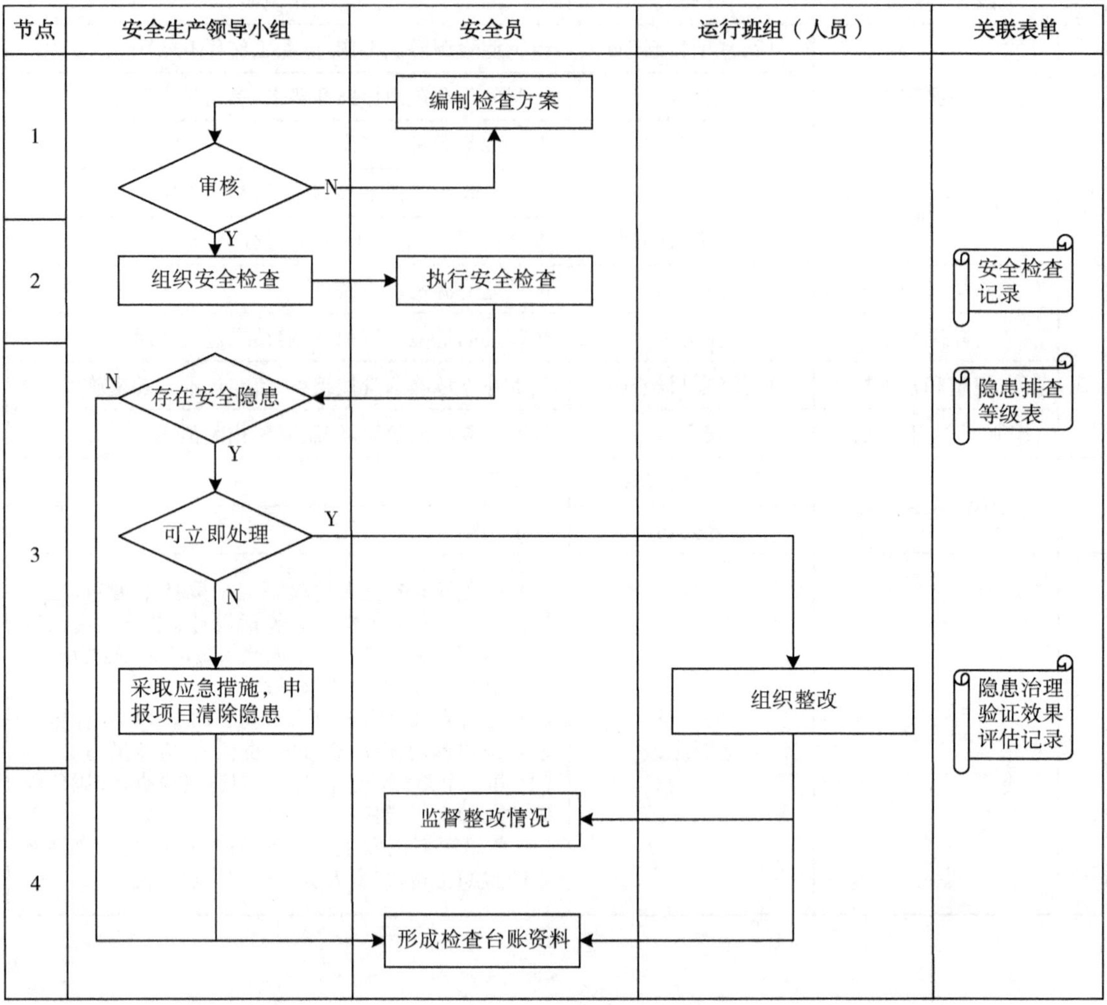

图F.4　安全检查(隐患排查)流程

表 F.4　安全检查(隐患排查)流程说明

流程节点		责任人	工作说明
1	安全检查（隐患排查）	安全员	编制安全检查(隐患排查)方案，确定本次安全检查的重点部位、设备、设施等，明确检查要求、时间、人员等
		安全生产领导小组	审定安全检查(隐患排查)方案
2	执行检查	安全生产领导小组	组织安全检查(隐患排查)
		安全员	执行安全检查(隐患排查)
3	检查过程	安全生产领导小组	检查是否发现安全隐患，如未发现，形成检查记录台账；如存在安全隐患，可立即处理的，现场立即组织整改，如不能处理，采取应急措施，防止隐患加重，同时向分公司申报项目清除隐患
		运行班组（人员）	负责隐患整改工作
4	故障维修	安全员	监督整改过程，检查整改情况，形成相关台账资料

F.5 应急预案管理流程可按图 F.5 执行，表 F.5 给出了该流程执行工作说明。

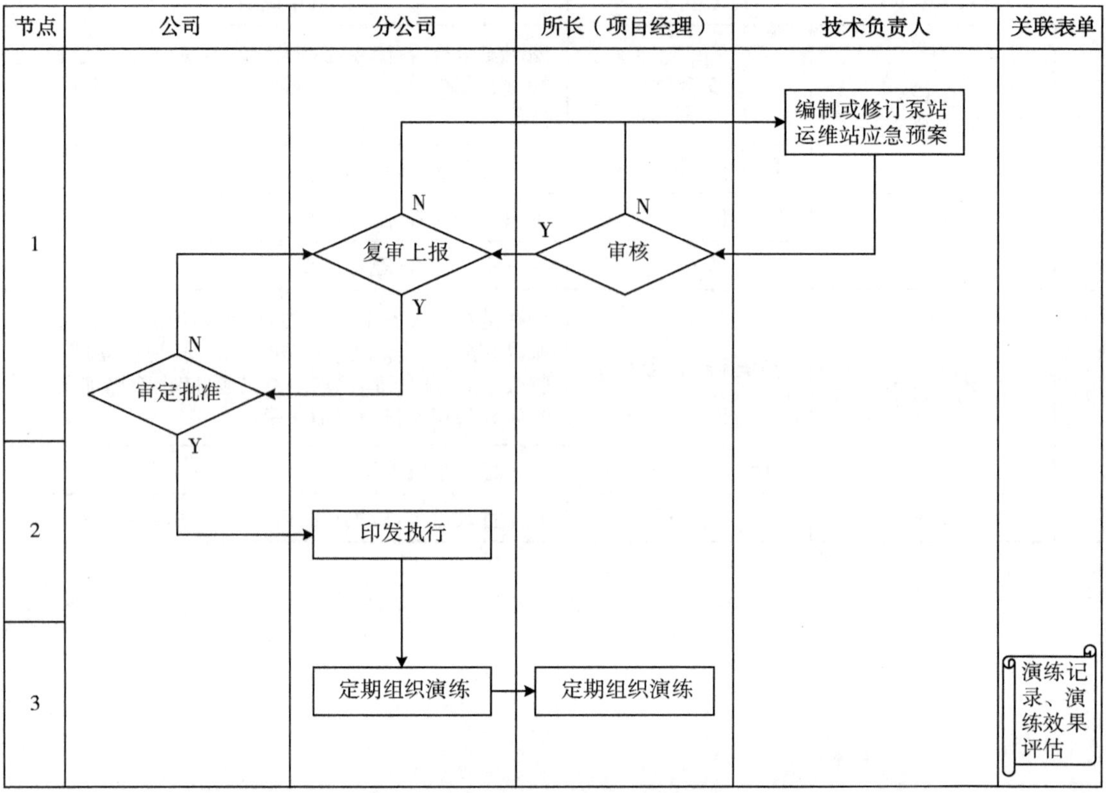

图 F.5 应急预案管理流程

表 F.5　应急预案管理流程说明

流程节点		责任人	工作说明
1	应急预案编制或修订	技术负责人	编制或修订应急预案并上报
		所长(项目经理)	审核并上报应急预案
		分公司	复审上报的应急预案
		公司	审定批准上报的应急预案
2	印发执行	分公司	待公司批准后,正式印发应急预案并执行
3	预案演练	分公司	定期组织辖内工程进行应急预案联合演练,并做好相关演练记录
		所长(项目经理)	定期组织应急预案演练,并做好相关演练记录

F.6　事故报告流程可按图 F.6 执行，表 F.6 给出了该流程执行工作说明。

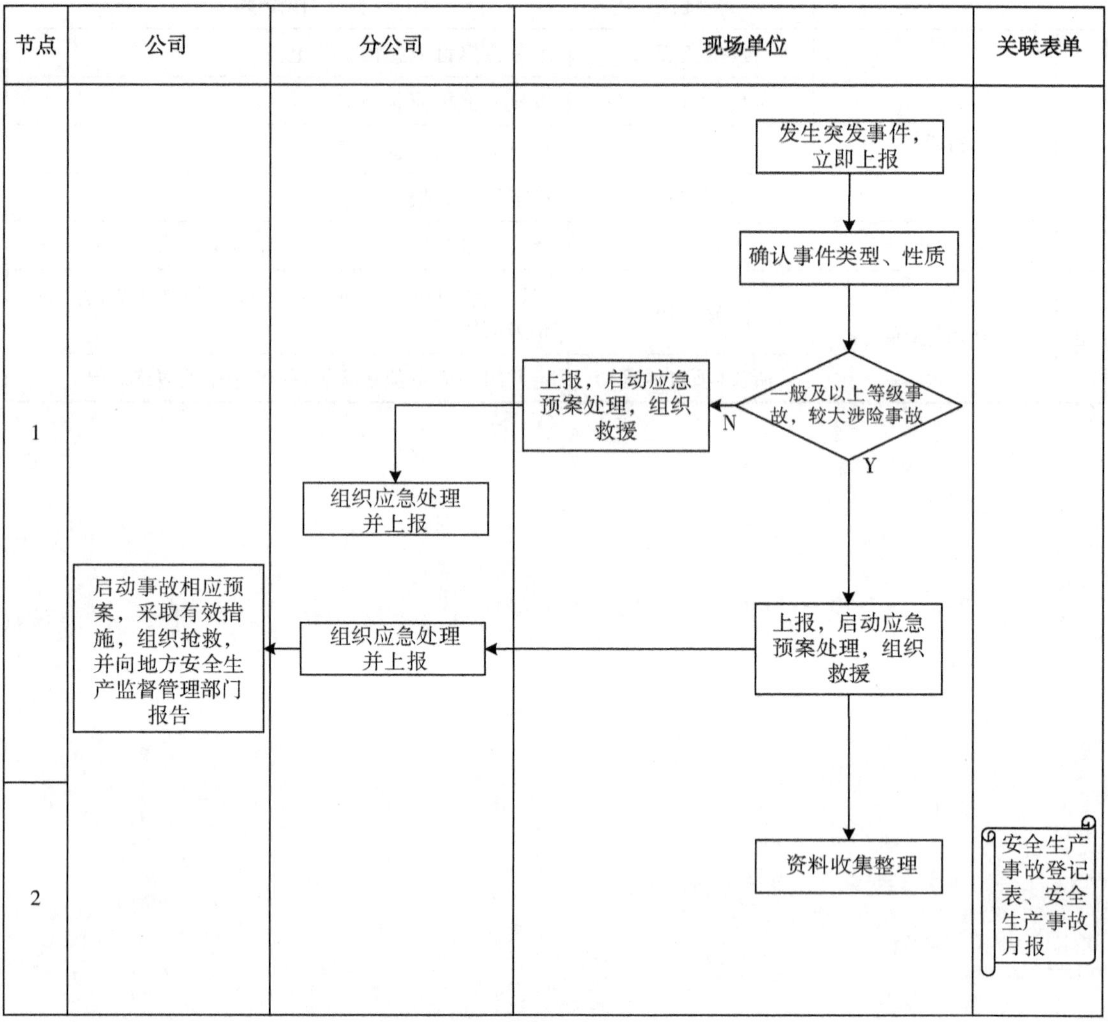

图 F.6　事故报告流程

表 F.6　事故报告流程说明

<table>
<tr><th colspan="2">流程节点</th><th>责任人</th><th>工作说明</th></tr>
<tr><td rowspan="3">1</td><td rowspan="3">事故报告</td><td>现场单位</td><td>发生突发事件后，应立即确认事件类型，并判断事件是否为一般等级以上事故或较大涉险事故，立即组织人员处理，启动应急预案，采取有效措施，防止事故扩大，同时及时、准确、完整地向分公司报告</td></tr>
<tr><td>分公司</td><td>收到现场单位的报告后，立即组织应急处理，并及时、准确、完整地向公司报告，事故报告后出现新情况的及时补报</td></tr>
<tr><td>公司</td><td>收到分公司的报告后，如事件是为一般等级以上事故或较大涉险事故，启动相应预案，采取有效措施，组织救援，并在 1 小时内向事故发生地县级以上人民政府安全生产监督管理部门报告</td></tr>
<tr><td rowspan="2">2</td><td rowspan="2">事故等级</td><td>现场单位</td><td>将事故发生时间、地点、发现人员、过程、应急处理、事故调查结果等资料收集，填写安全生产事故登记表</td></tr>
<tr><td>公司</td><td>配合国务院、省级人民政府组织的事故调查组对特别重大、重大事故调查，调查结果上报上级单位和当地安全生产监管管理部门</td></tr>
</table>